選擇住在小房子

あえて選んだせまい家

小卻剛剛
實踐簡單、
滿足的生活，
我的小屋快樂哲學。

加藤鄉子

游韻馨——譯

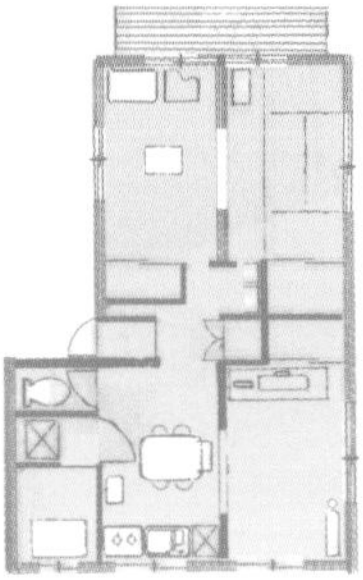

作者序——

「小房子」與「大房子」，哪個比較好？

若有人這麼問，

相信將近百分之百的人都會回答大房子比較好。

幾乎所有人都認為，

住在大房子裡，生活比較富足愉快。

房子要是再大一點，就能過得更好；

房子要是再大一點，家裡就不會這麼亂；

房子要是再大一點，就有很多地方收納，可以買更多東西，

相信不少人都是抱持這樣的想法，想住更寬敞的房子。

不過，事實真的是如此嗎？

小房子真的有這麼糟嗎？

小房子就是比不上大房子嗎？

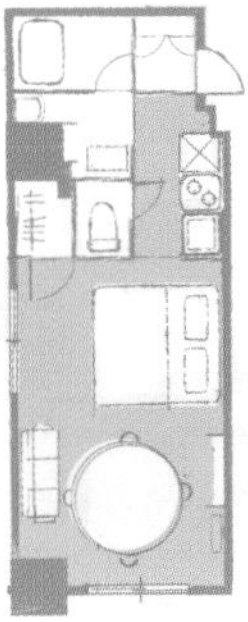

不，不是這樣的，

小房子有許多大房子比不上的好處。

本書將介紹八個住在小房子的家庭，

與各位分享他們開心住在小房子裡，

享受舒適生活的用心創意。

我想住更大的房子，買更多東西——

在追求物質慾望的現代社會，

或許再也找不到跟他們有一樣想法的人。

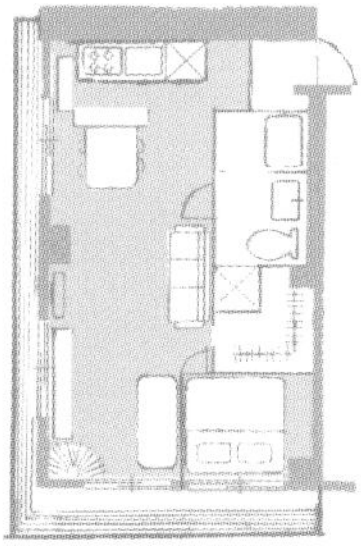

大房子雖然很好，
但小房子更有魅力，變化更豐富。
別將小房子排除在外，
選擇住在小房子裡也是很好的決定。

讀完本書後，若能讓你有所感、
將小房子列入下次搬家的選項之一，
願意發揮巧思，讓小房子豐富你的生活，
將是本書最大的榮幸。

目錄

9坪

2口之家

柳本茜家
平面設計師
咖啡館＆酒吧「茜夜」店主

狹小不是缺點，
反而是優點。
搬到小房子住之後，
生活變得自在又愉快。

56

16坪

3口之家

能登屋英里家
上班族

不堅持住大房子，
反而可以按照自己的理想布置房子，
還能住在一直想住的地段。

78

16坪

4口之家

Maki家
上班族
簡單生活研究家

小房子讓我培養出
簡單生活的能力，
日常家事變輕鬆，
時間變多了，心靈自然寬裕。

100

16坪

5口之家

鈴木家
自由編輯

全家可以一起
生活的時期並不長，
住在小房子就像集訓一樣，
既有趣又充實。

122

10.5坪

2口之家

飯島　寬／尚子家
上班族／作家

慶幸住在小房子裡，
才能培養出輕鬆自在、
不受拘束的生活能力，
從此以後再也不受房子羈絆。

144

14坪

2口之家

加藤郷子家
編輯兼作家

打掃、整理等家事變輕鬆，
生活支出也減輕了。
家裡東西不再增加，無物一身輕，
可以充分享受小房子的優點。

166

結語——「請讓我採訪你住的『小屋子』」

188

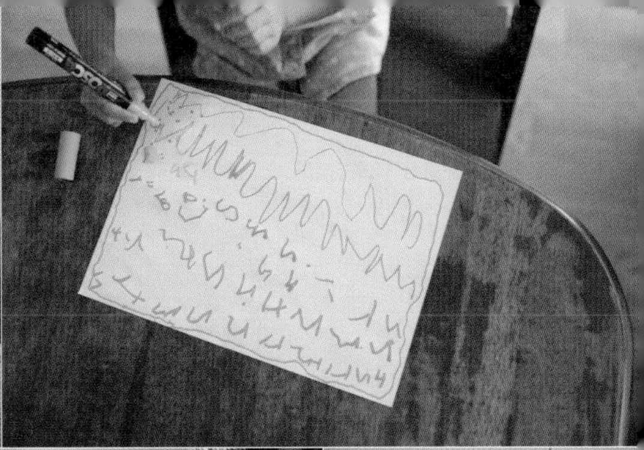

16.6坪

5口之家

Nokonoko Mama 家
主婦

洋溢昭和風情的懷舊老屋，
住起來寬敞舒適。
每天過著自在悠閒、
心靈富足的日子。

Nokonoko Mama 接受日本月刊《ThankYou!》（Benesse Corporation）採訪居家布置風格後，開始經營部落格。簡單溫馨的生活型態廣受歡迎，時常登上雜誌版面。http://39.benesse.ne.jp/blog/1064/

幾乎什麼都沒放的和室，一到夜晚鋪上墊被與棉被，立刻變成寢室。收起寢具，孩子就能在和室翻跟斗，盡情玩耍。怕吵到其他家人，將和室放在一樓。

日式傳統墊被和矮桌
有效利用狹小空間的祕密武器

Nokonoko Mama 的家只有十六坪多一點，內部共有三個房間和餐廚空間。與先生育有三個小孩，最大的已經就讀國小三年級。家有三名正在成長的小孩，這個大小的房子住起來應該會感覺侷促，不過，看到孩子們在家裡悠閒自在的玩樂模樣，一點也不覺得房子太小，反而覺得室內空間相當寬敞。

環顧 Nokonoko Mama 的家，不禁聯想到過去的昭和時代，令人懷念的日本傳統生活型態。或許因為房子裡有和室、有收納物品的壁櫥，以及味道十足的老家具，才讓人湧現了懷舊的心情。家裡幾乎沒有任何雜物，卻不會因為東西少而覺得冷清，反而給人一種生活富足的感覺，全家人都散發出快樂的光芒。

Nokonoko Mama 一家五口是在三年前搬到此處，當時他們住在公司分配的宿舍，但公司通知他們不久之後必須搬出去，因此決定在長男念小學前搬家。之所以選擇住在這裡，是

和室裡只有一個櫃子，和收納玩具的大皮箱與行李箱，隔壁的西式房間也只有一張矮桌。矮桌可以拿到需要的地方使用，不用的時候也能收起來，完全不占空間。

因為小學就在旁邊。但要從超過二十七坪（九十平方公尺）的公司宿舍，搬到只有十六坪的小房子，可以運用的室內空間一下子減少了不少。Nokonoko Mama 表示：「這個地段很少有人出租房子，我也不想把小孩送到很遠的學校就讀。與其每天提心吊膽地看著小孩出門上學，住在這裡才是最好的選擇。」

當初正是因為房子裡有壁櫥，才決定租下這裡。「如果沒有地方收納五人份的墊被、棉被和枕頭，就必須在臥室放床，反而會讓房子顯得更狹小。」她從一開始就打算效法昭和時代的做法，鋪日式墊被睡覺。每天起床後只要將墊被收進壁櫥，臥室就會變成沒有放置任何物品的空間，如此一來，生活空間就變大了。

家裡原本的大型家具只有餐桌椅，其他都是可以一個人輕鬆搬運的小型舊家具和矮桌。需要用到矮桌時，就將矮桌搬到使用的空間裡。感謝日式墊被和矮桌，讓廚房以外的空間變得極具機動性，三兩下就能變成空無一物的房間。「所有房間都有多種用途，這個做法很適合我們現在的生活，我們可以依照自己的需求使用空間。」日式墊被和矮桌的生活型態，是有效運用狹小空間最好的解決之道。過著昭和時代的懷舊生活，一家人和樂融融地享受歡聚時光。

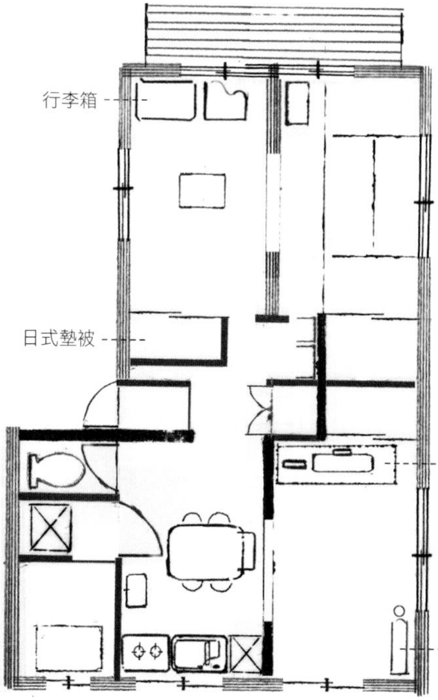

▲帶有餐廳空間的廚房

DATA

- 5 口之家（不到 35 歲的夫妻＋長男小3＋長女小2＋次女 4 歲）
- 16.6 坪（55 m^2）／3 房 1 餐廳 1 廚房（餐廳廚房 3 坪＋西式房間 6 坪×2＋和室 3 坪）
- 屋齡 23 年（居住 3 年）
- 集合住宅（租賃）
- 千葉縣的臥城
- 基本上屬於必須開車代步的地區

需要的物品都有，沒有不需要的東西
這就是維持簡單生活的祕訣

Nokonoko Mama 喜歡室內布置，之前住在公司宿舍的時候，會在家裡裝飾許多經過復古加工的手作雜貨，以打造「可愛的室內風格」為目標。當時她就愛上了舊家具，擁有的物品比現在更多、更豐富。她打造的居家品味受到室內設計雜誌的青睞，還曾經到家裡採訪。由於每天忙於照顧小孩，疏於打掃的裝飾雜貨早已堆滿灰塵，不僅全部清理乾淨要花很大的氣力，小孩每天在家裡蹦蹦跳跳，一不小心就會撞到家具，或踢飛擺飾品，讓他們沒辦法盡情玩耍。

有一天，Nokonoko Mama 突然發現自己引以為傲的「可愛的室內風格」根本不適合目前忙碌的育兒生活，不知道自己當初為何選擇這樣的布置風格，於是慢慢處理掉雜貨用品。處理完後，覺得家裡空間變大了，更能突顯自己最喜歡的舊家具。這次的經驗讓她深深感受簡單生活的魅力，沒過多久就搬到小房子住，更堅定了她的心志，勇於丟掉不要的東西。

Nokonoko Mama 最喜歡舊家具的味道。以前當餐具櫃使用的茶櫃，現在偶爾放入餐具，當成展示品。四周不放過多東西，更加突顯老舊家具的存在感。

這張餐桌是家裡唯一的大型家具。這是 Nokonoko Mama 的父母傳給她的家具，蘊藏著滿滿的童年回憶，也讓她第一次感受到舊家具的魅力。

「就是因為這間房子太小了，讓我不得不檢視自己的狀況。以前我家裡有沙發，還有擺放微波爐的大型櫥櫃，為了搬到這裡來，全部處理掉了。我真的丟掉太多東西，不想再重蹈覆轍，所以盡量不買新東西。」

現在的家沒有微波爐、電鍋，也沒有烤麵包機，需要時就以鍋子或烤網替代，所以不需要那些小家電。雖然廚房裡沒有調理檯，但可以在餐桌上處理食材。餐具收納在廚房的櫃子和茶櫃裡，數量也很少。過去有一段時間因為丟了太多東西，生活上總是有些不方便，心裡感覺很煩躁，過了那段時間後，現在需要的東西全都不缺，家裡的物品數量恰到好處。

「有一次我先生跟我說，他想要一張可以休息放鬆的和室椅。我雖然很排斥添購家具，但這是可以讓家人在家裡過得舒適的椅子，算是必需品，所以我決定購買。不過，購買前我特別注意方便性，希望買一張可以輕鬆搬運的椅子，最後選擇了一張攤開後類似大型坐墊的和室椅。購買前我也問過店家，如果不使用了，需要花多少錢請業者處理，確認所有細節後才購入。」購買前仔細思考，了解物品的使用方法、未來不需要時該如何處理，考量過後如果還是覺得需要才會購買，這就是 Nokonoko Mama 的購物心法，正因如此，才能維持簡單自在的生活。

正面看待現在的生活
轉念就能讓缺點變成優點

Nokonoko Mama 現在住的房子不僅狹小，還有許多不方便的地方，例如洗臉檯設置在餐廳與廚房共用的空間裡，剛搬進來的時候 Nokonoko Mama 很排斥這樣的格局，甚至還哭著說她討厭在餐廳洗臉。但在處理掉不要的東西，家裡感覺變寬敞之後，她決定轉念，好好地與這間房子共處。「這裡畢竟是租來的房子，先住住看也不虧，當我這麼告訴自己，我就能接受目前的一切。我花了很多心思整頓家裡，慢慢愛上它，開始覺得住在這裡很舒服，到最後反而很喜歡小房子的生活。」

房子小的好處就是打掃起來很輕鬆，每天都會使用到每一個空間，不管願不願意，抬起頭來就能一眼望盡整個家裡。洗臉檯就在餐廳裡，無論天氣寒冷或炎熱，都無須到其他地方洗臉或洗手，只用眼角餘光就能觀察孩子是否將手洗乾淨。加上隨時都能看到洗臉檯，反而更加勤於打掃，讓家裡更乾淨。

右上・右下：每天使用的餐具放在不鏽鋼瀝水籃，收進瓦斯爐下方的櫥櫃。吃飯時只要將籃子拿出來放在餐桌上，一下子就能擺好碗筷。吃完飯後，整理起來也很方便。由於每天都要收取籃子，因此將爐子下方的櫥櫃門片拆掉，多出來的餐具則收進吊櫃裡。左：屋主不知道為什麼將洗臉檯設置在餐廳裡，剛開始覺得這樣的格局很難擺放家具，但轉念後覺得如此可以觀察孩子的動向，反而變成優點。

從不同角度看待缺點，缺點就變成了優點。轉念讓 Nokonoko Mama 更願意在這個家好好生活。「說實話，若真的要說內心的慾望，一定會有許多不滿，但考量我們現在的狀況，現在這個房子最適合我們。」

我最喜歡在家裡規劃這個家和孩子的未來 若小房子可以滿足我們，我就能繼續當一個家庭主婦

由於不在熱鬧的都心，這一帶許多居民都自己蓋透天厝住。Nokonoko Mama 以前也想要蓋一棟屬於自己的房子，有一段時間立志買房子。不過，自從愛上現在的生活後，她不再認為小房子和租房子是缺點，也不再以購買獨棟房子為目標。

「雖然是租來的房子，但也是自己的家，我很珍惜在這裡的生活。與其背負沉重房貸，現在的生活讓我們有餘裕做好準備，以防不時之需，我覺得這才是正確的決定。買了房子之

後，要是先生被公司派往其他縣市工作，我們沒辦法說走就走，可以選擇的解決方案也會變少。未來如果打算買透天厝，擴大生活所需，不僅要背房貸，我想我可能也要外出打工，貼補家用才行。就算住進大房子裡，但每天在家時間變少，對我來說也是得不償失。我希望可以每天在家等孩子放學，接送孩子去學他們喜歡的空手道。我喜歡待在家裡，規劃這個家的未來。若是住大房子會讓我無法再當家庭主婦，我寧願住在小房子裡。我認為安於現狀的想法很重要。」

電視機放在廚房旁邊的西式房間，後方的壁櫥門片平常處於半開狀態，裡面放著味道十足的舊抽屜櫃與盒子，當收納櫃使用。在上方擺放花草裝飾，下方抽屜櫃收著各式文具與工具。

p.25 的壁櫥右邊收納著孩子們的學習用品。他們放學回家，第一件事就是將書包放在這裡。壁櫥在餐廳旁，他們很快就養成了習慣，不會將書包亂丟在家裡。保留足夠空間，讓他們隨時都能將書包放回原處，是方便整理的祕訣。

不與他人比較、不好高騖遠，確實掌握自己的收入和立場，決定之後便正面看待租屋生活這件事。只要先生不調職，在小女兒小學畢業之前，也就是八年之內，Nokonoko Mama一家都將住在這間小房子裡。

儘管生活中的物品數量不多，但每一樣都是自己喜歡的不僅心靈富足，也不會讓家中堆滿雜物

打開廚房吊櫃，裡面空空如也。拿來收納餐具的舊櫃子也很空。拉開壁櫥門一看，裡面還有空間收納物品。十六坪的房子裡住著五個人，需要的東西一應俱全，東西卻只有這麼一點，這究竟是怎麼辦到的？

「隨著孩子長大，的確會感覺到家裡東西愈來愈多。就拿衣服來說，即使擁有的數量一樣，但身材會愈來愈高大，不可能像過去一樣全都收在一個抽屜櫃裡。」話說回來，五口之

家一整年的衣服，必須控制在一個壁櫥可以收納的數量之內，當孩子的東西變多，自己的東西就需減少。不過，這絕對不是強迫自己忍耐，或是為孩子犧牲，而是因為這麼做可以感受到孩子的成長，內心感到無比幸福。

「家裡用的東西都是由我選購，其實我很喜歡買東西，無論添購日用品，或一個小小的面紙、文具夾，我都只想買自己喜歡的東西，這跟買衣服、生活雜貨和器皿一樣有趣。」

無論是家裡該有的廚房用具、文具，以及消耗品，所有必需品都只買自己喜歡的商品，就不需要特地去買只有用裝飾用途的雜貨。「不管是竹篩子、鍋子或剪刀，都是我最喜歡的生活用品，不只買的時候興奮，用的時候也很開心。」只要將所有用得到的東西都換成自己喜歡的物品，心靈就會感到滿足，無須添購多餘雜物塞滿家裡。

Nokonoko Mama 每一季都會買幾件流行服飾，搭配不退流行的基本款，在該季重複穿著。正因為穿著頻率相當高，很少有衣服可以放到隔年，這個做法既可享受時尚，又能固定汰換衣服，不占衣櫥空間。

孩子的玩具也是同樣的道理。Nokonoko Mama 的家裡有三個小孩，玩具數量卻少到令人不敢置信的程度。「玩具沒了就沒了，孩子們還是照樣在玩，而且他們會發揮創意，發明新遊戲。此外，每年聖誕節我會送玩具給他們，但生日不會送禮物，而是幫助他們實現一個夢想。由於我有三個小孩，要是聖誕節和生日都送玩具，不知不覺就會多出一大堆玩具。他們的生日願望可能是去迪士尼樂園玩、或是去吃烤肉吃到飽，有時花的錢比買玩具多，但一家人可以趁這個機會出門遊玩，共創美好回憶。孩子們也很期待出去玩，又不會增加玩具，真是一舉兩得。」

舊行李箱與大皮箱裡放的都是玩具，可輕鬆收納形狀不規則的玩具。

積木收在竹簍或抽屜裡。長男將積木按照顏色收在抽屜裡。不特地購買孩子專用的收納家具，活用家中現有的物品。

正因為心態與環境隨時會變
所以絕不為將來購物或決定生活型態

「我會避免買『總有一天會用得到』的東西放在家裡，要用的時候、需要的時候再買就可以了。若為了將來先買下備用，到了需要的時候，當時的生活型態、環境與心態都改變了，結果反而用不到，徒增浪費。此外，當家裡東西有點多，我也不會為了將來可能增加的東西去買收納家具。一旦家裡有了收納空間，雜物就會在短時間內暴增，這是許多人都會發生的問題。」

房子大小也是同樣的道理。若為了十年後的生活，現在就搬到大房子住，到時只會覺得大房子不夠用。有鑑於此，珍惜現在的生活，等到小房子真的讓自己的生活感到困擾時，再想辦法解決即可。

一般人聽到五口之家住在小房子裡過著簡單的生活，都會聯想到沒有任何娛樂、沒有任何樂趣的日子。不過，來到 Nokonoko Mama 家，卻讓人感到很溫馨，這是因為他們一家從不委屈自己，也不自暴自棄，他們的內心十分富足。Nokonoko Mama 一家的生活讓人深刻體會，「小」房子並非不好的事情。

不因為家裡有小孩就選用不易摔破的餐具，每天使用自己喜歡的餐具就感到很開心。如果孩子不小心摔破，就跟著孩子一起難過，孩子自然會記住下次要小心一點。土鍋是用來煮味噌湯用的，由於家裡的瓦斯爐只有兩個爐口，土鍋具有高度保溫性，可說是媽媽的好幫手。

全家人一起養的小鳥。有時會放出來，讓牠在家裡自由飛翔。正因為家裡東西很少，打掃起來很輕鬆，才能讓小鳥享受自由。

右：西式房間的壁櫥收納五人份傳統墊被。由於體積龐大，將壁櫥內部塞得滿滿的。中：和室的壁櫥裡收著全家人的衣服，上層是夫妻兩人的衣服和過季的外套等衣物。左：下層抽屜收納孩子的衣服。目前還維持剛好一個收納櫃的數量。

請傳授小屋生活祕訣！

Q & A

Q

孩子們如何管理自己的私人物品？

餐廳旁的西式房間裡，有一個專門收納書包和各種學習用品的空間。此外，我每個人給他們一個空的百寶箱，讓他們放自己的雜物。當箱子滿了，他們會自己整理內容物，隨時保持一個箱子的雜物數量。

Q

如何處理瓶罐與紙箱等回收垃圾？

我家只有一個收放一般垃圾的垃圾桶，沒有回收物品的垃圾桶。一進玄關就會看到一個置物間，裡面收納吸塵器等打掃物品，這裡也是回收垃圾的暫時存放區。瓶子、罐子洗乾淨後晾乾，放入收在這裡的紙袋裡，等到可以丟回收垃圾的那一天，再拿出去丟。

Q

家裡有女兒節用的雛偶擺飾嗎？

我很重視季節變換，和自古流傳下來的傳統節日。不管是我或小孩，我們每年都很期待女兒節的到來，當然也一定會在家裡裝飾雛偶。家裡的雛偶是三層設計，我會直接放在地上。由於整套雛偶很占空間，因此平時收在放墊被的壁櫥上方的收納櫃裡。

Q

孩子長大後如何配置小孩房？

我希望盡可能與他們相處在一起，所以除非到萬不得已，暫時不考慮讓小孩有獨立房間。我每次總拿家裡太小當藉口，沒讓他們自己睡（笑）。不過，我也曾想過，如果小孩說不給他們獨立房間就不回家，我可能會考慮用紙拉門做出隔間。

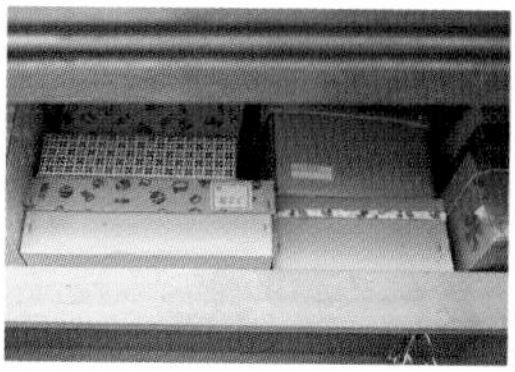

18 坪

3 口之家

齋藤 Key 家
生活整理師

小房子有許多優點，
冷靜分析我們一家
重視的事物後，
小房子是最適合我們的答案。

齋藤 Key　「SMALL SPACES」部落格格主。在自己的部落格上，分享住在小房子且不虞匱乏，又能過得自在舒適的生活祕訣。經常以生活整理師的身分舉辦講座。著有《東西很多也能過簡單生活》（Subarusya）等作品。http://blog.keyspace.info

運用深褐色與白色交織的室內空間，營造現代感十足的居家布置風格。愈靠近陽臺，使用的家具就愈低，藉此展現開闊感，絲毫沒有室內空間狹小的感覺。前方的大鏡子具有放大房間的效果。

搬出郊外的大房子，搬進市中心的小房子
讓家人享受都心的便利性與樂趣是我的優先考量

「我重視的不是房子大小，而是地段。」齋藤第一次有這種體悟，是她二十六歲一個人住在越南胡志明市的時候。當時她住在單間套房裡，生活上有許多不便之處。習慣了胡志明市的生活後，不少人會追求舒適的設備和寬敞的空間，搬到離市區有點遠的住宅區去，但齋藤跟別人不一樣。她喜歡市中心的便利性和新鮮刺激，心血來潮就能與朋友相約見面，於是一直住在沒有廚房、電視與洗衣機的狹小房子裡。

後來，齋藤結婚了，婚後也曾住過紐約市郊的大房子，但她覺得郊區生活不便，不久便搬到曼哈頓居住。不過，曼哈頓的租金較高，夫妻兩人只能住在十五坪左右（五十平方公尺）的套房裡，但住在市中心依然是她最優先的考量。「住過郊區的大房子才知道我重視的是什麼，我喜歡方便的生活，我希望我的生活所需可在住家半徑三公里的範圍內解決。我不喜歡出門還要特地安排時間，住在郊區辦任何事都不方便，很容易感到壓力。我喜歡朋友住

「無印良品」的開放式展示櫃靠著餐廳牆壁擺放，下方收納圖畫書和玩具，上方收納文具和優美茶具。客餐廳的原有格局沒有收納空間，因此將所有物品收在這裡。

在附近的感覺，想去美術館、電影院，只要走路就能到，兼具生活機能和休閒娛樂的市中心最適合我。」

回到日本，也租房子住過一段時間，最後才買下現在住的公寓。計畫買房子的時候還是兩人世界，但即使將來有了小孩，齋藤還是想住在市中心，因此他們選擇了精華地段的公寓。住家附近有傳統商店街、大型商業設施、美術館與公園，而且都是在走路能到的範圍。不少人租房子時重視地點，等到自己買房子時，則會考量家庭的未來需求，追求寬敞空間。齋藤夫妻的需求只有一個，那就是地段。正因為他們很清楚自己最重視哪一點，才會買下現在住的公寓。

「我先生只要走路就能到公司上班，大幅減少了通勤時間，不僅可以參與孩子的成長、照顧小孩，就連晚餐也是他做的。由於工作的關係，我經常東奔西跑，住在市中心的好處就是到哪裡都很方便。如果我住在偏遠的郊區，朋友從外縣市到東京來的時候，還要讓他多走一趟路，增加大家的麻煩。但我住在市中心，朋友只要趁著空檔就能順路來一趟，真的很方便。」住在市中心唯一要捨棄的就是寬敞空間，但得到的好處不僅能彌補捨棄的遺憾，還能享受更多的便利。

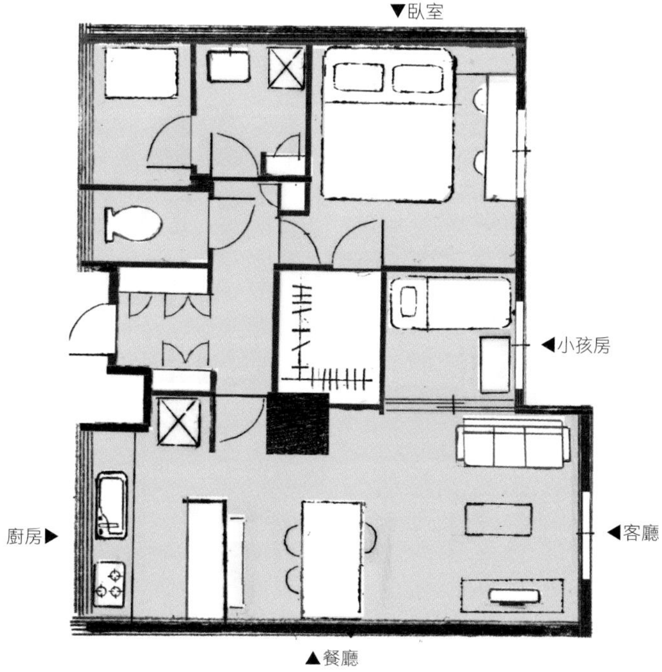

DATA

· 3 口之家（40 世代的夫妻＋長男 4 歲）

· 約 18 坪（59m²） 2 房 1 客廳 1 餐廳 1 廚房（客餐廳 5.5 坪＋小孩房不到 1.5 坪＋和室 3.5 坪）

· 屋齡 7 年（居住 7 年）

· 集合住宅（自有住宅）

· 東京山手線內的精華區

· 徒步至車站不到 5 分鐘

上：廚房為獨立空間。齋藤搬過無數次家，發現獨立式廚房比開放式廚房更自在。下：6支平底鍋各有不同用途，購物時只買需要的東西。

無須因為住在小房子而成為極簡主義者 只要是需要的東西，就算是大型家具也會買

在小房子裡住得舒適愉快的祕訣之一，就是盡量不放大型家具，Nokonoko Mama 一家（第十二頁～）的生活就是最好的例子。不買大型家具的理由是不會讓家人感覺壓迫，住在小房子裡也會覺得寬敞。不過，對有些家庭來說，生活裡一定要有沙發、要有床。對齋藤來說，即使住在小房子裡，也要有餐桌椅、沙發、收納櫃、床、工作桌等，她絕不放棄任何一樣需要的家具，她認為想讓家人過得舒適自在，這些家具都是必需品。此外，一般住在小房子裡的人會刻意選小型家具，齋藤的選擇與他們很不一樣。

放在餐廳裡的大型收納櫃幾乎快到天花板那麼高，客廳有一張一百七十八公分寬、深度八十九公分的沙發，整個人可以躺在沙發上休息。電視的尺寸也不小。

「我喜歡躺在沙發上伸直雙腳，悠閒地看雜誌或讀書。我先生喜歡週末坐在電視機前看電影，這些家具對我們來說都是必需品，我從沒想過要捨棄它們。」購買收納家具也是同樣

的道理，若收納家具不夠大，收納空間很快就會不夠，又要再買新的。既然如此，不如一開始就買大一點的，並決定以後不再增加家具。比起買一堆小型家具放在家裡，只放少許大型家具更能讓空間看起來清爽整潔。

不只是家具，喜歡做菜的先生想要的調理器具，也不限制數量。光是不同用法的平底鍋就有六支，菜刀也有八把。每樣工具都有自己的用途，全都是必需品，所以購買。因應緊急災害的防災用品和儲備品也是一樣，不只要方便攜出，也要假定遇到災害時，不得不在家裡避難的情形，因此儲備的量較多，但這些都是必需品，一定要準備好。

擺設大型家具，需要的物品一樣都不缺，如此一來，小房子就顯得更侷促了。不過，齋藤一家不願犧牲自己想要的理想生活，於是採用其他方法讓房子感覺寬敞。舉例來說，選擇高度較低的沙發減少壓迫感，使用可隱藏影片播放器與音響設備的電視櫃，讓客廳看起來更清爽。只準備兩張有靠背的椅子，遇到客人來訪，就拿出長椅招待。高度較高的收納櫃不放在可以看到窗戶的視覺動線中，愈靠近陽臺處，家具高度就愈低，善用這些小巧思營造開闊感。讓人一進門就能看到陽臺，完全不受其他家具阻礙，是讓小房子感覺寬敞的成功關鍵。在小細節處發揮創意，即使住在狹小房子裡，也能讓一家人住得舒適自在。

需要多大空間才放得下所有物品？有個小房子這個基準，空間絕對夠用

絕不捨棄真正需要的家具、真正想要的物品，該有的都有，這就是齋藤的理想生活。不過，由於房子不大，有時確實要忍住衝動購買的慾望。

在紐約生活時因住在小房子裡，無法盡情布置家裡而移情閱讀的書。書中介紹許多將小房子布置得精緻美觀的範例，令她不禁大感振奮，每天躍躍欲試，將家裡布置得十分溫馨。
《small spaces》（Rebecca Tanqueray 著）

「我一直提醒自己家裡並不大，放不下所有我想要的東西，有時也會因為家裡沒地方放而決定不買某樣東西。當這種經驗多了，有些人會開始想住大一點的房子。話說回來，究竟要多大的房子才放得下所有我想要的物品？」

人的慾望是無窮的。就算住到比現在還大一倍的房子裡，只要隨心所欲地購物，又不處理掉自己手邊的物品，總有一天大房子也會變成狹窄的小房子。到了那一天，家中雜物已經多到自己無法處理的程度，整理起來相當辛苦。與其如此，不如住在小房子裡，提醒自己家裡空間不大，就能隨時控制擁有的物品數量，這就是齋藤的想法。

「過去的搬家經驗讓我體會到一個事實，那就是即使住在小房子裡，身邊的物品不多，但每次搬家都會發現『原來我的東西這麼多』。不僅如此，每個人可以控管的物品數量有限。我發現我的記憶容量不可能再增加，要是家裡東西愈來愈多，只會造成我的負擔。隨著孩子成長，孩子的東西會逐漸增加，到時我打算減少自己的私物，確實控管物品數量。小房子是我最好的購物基準，絕不讓雜物充滿室內空間。」

大房子的空間寬敞，放了家具也不阻礙生活動線，除非是對自己的行為和周遭環境十分注意的人，否則一般人一想到要整理雜物，只會一再拖延，不會立刻行動。相反的，當家裡空間狹窄，東西一多就會產生壓迫感，此時自然想要清理雜物，維持適度的物品數量。這正是讓生活更舒適自在的祕訣。

將五顏六色的玩具放入籃子，收進收納櫃。收在櫃子裡的時候，完全看不見雜亂的顏色，感覺清爽。特地選購大小適中的嬰兒車，收在玄關鞋櫃下的縫隙間。發揮創意處理孩子的用品，即可營造整潔俐落的居家風格。

拋開狹窄＝不便，狹窄＝生活得不自在的想法
著眼於小房子的優點，開心享受生活

許多人一想到小房子，腦中第一個想法就是「小房子一下子就堆滿東西，根本沒辦法打掃」、「我家很亂就是因為家裡太小」。不過，只要換個角度想，就會發現「住在大房子裡很容易疏於防範，東西不小心愈積愈多，管理起來也很辛苦」，齋藤就是屬於後者。只要住在小房子裡，不管是否刻意，都會隨時注意物品數量，如此一來，家中雜物就不會增加，減輕做家事的負擔。年紀大了之後，整理身邊雜物會更加辛苦，只要從現在起注意這一點，未來便毋須煩惱，這些都是住在小房子裡才能享受的好處。

同樣是小房子，得到的結論卻截然不同。齋藤不認為狹小是缺點，反而從正面觀點看待小房子裡的生活。

不去想「要不是住在小房子裡」，而是從「幸好住在小房子裡」思考現在的生活。幸好住在小房子裡，打掃起來省時又輕鬆。

家裡有客人來訪時，將長椅放到餐桌前，就能當餐椅使用。平時放在客廳，坐在沙發上休息時，就是很實用的茶几。當孩子坐在電視櫃上畫畫時，將長椅拉過來，立刻變身小桌子。椅腳底部貼上預防摩擦的毛氈貼片（右邊照片），不僅方便移動，更能輕鬆變換長椅用途。

幸好住在小房子裡，一轉身就能拿到需要的用品。

幸好住在小房子裡，必須經常打掃，讓家中隨時保持整潔。

幸好住在小房子裡，讓我可以發揮創意，總是能想到好點子。

「每次用吸塵器打掃老家，都要花半個小時以上；打掃自己的家，只要十分鐘就好，更不用一直插拔吸塵器的插頭。老家的廚房很寬敞，每次拿個盤子都要走好幾步路；我家廚房很小，只要站在流理臺前伸手就能拿到碗盤。無論是打掃或做家事，都變得輕鬆許多。」只看小房子的優點，在有限空間裡發揮創意，反而創造出生活的樂趣。

上：放一張深度較淺的書桌，打造書房區。以前也曾將餐桌當書桌用，但生活動線過於集中，容易讓餐桌桌面顯得凌亂。為了避免重蹈覆轍，特地在臥室擺設書桌。左：床下擺放防災物品和緊急備用水。床組是在「大塚家具」購入的。

學會讓小屋生活更舒適的創意與思考方式 提升自己的能力

即使選擇住在小房子裡，齋藤依舊不放棄喜愛的居家布置和生活便利性，打造出宛如旅館的簡單空間。考取生活整理師執照後，每天思考如何讓自己的生活更舒適，多虧如此，才能擁有理想生活。齋藤想出的小屋居家創意受到各界支持，如今不但舉辦收納講座，也出版了兩本著作。

請教齋藤的居家創意，她首先建議的是增加層板。「在添購新家具之前，一定要先嘗試各種解決方法。」齋藤也在自己家中廚房的櫃子，和放在餐廳的收納櫃增加層板，不只活化了收納家具內的死角，也讓收取物品更加輕鬆。只增加一塊板子就能發揮意想不到的效果，還不會讓小房子看起來更小，值得一試。

接著要注意的是家具和物品的選擇。坐在沙發上休息時，就將與餐桌一起購買的長椅搬到沙發前，當成茶几使用。臥室裡的大床除了晚上睡覺之外，平時處於閒置狀態，因此購買

床尾擺放收納內衣的櫃子。上層放著化妝用品和飾品，只要取出抽屜裡的立鏡，櫃子立刻變成化妝台。

下方可以收納的床鋪，靈活運用每個空間。臥室裡的櫃子兼具梳妝台的功能。像這樣選擇一物多用的家具，就能節省不少空間。對於住在小房子裡的人來說，這是很重要的選擇基準。

「此外，我也會提醒自己不要想在家裡滿足所有需求，有時也要善用外部資源，玩具和圖畫書就是最好的例子。這兩樣東西會隨著孩子成長愈來愈多，善加運用兒童遊樂中心、圖書館等公共場所，就無須在家裡放太多玩具和圖畫書。附設圖書區的咖啡館也是不錯的選擇。一群親友來訪時，可以安排他們投宿附近旅館。在家無法專心工作，就到飯店大廳工作。大樓的垃圾收集場二十四小時都能使用，無須在家中準備大型垃圾桶，將垃圾問題降至最低。當孩子想四處跑跳，就帶他去公園玩。」

將公共場所當成自己家的一部分，圖書館和遊樂中心已經有許多書籍與玩具，因此無須特地買來放在家裡。正因為有這樣的想法，才決定不住在寬敞的大房子。用心收納、慎選物品，培養靈活的思考方法，這就是齋藤的優勢，也是在小房子過得舒適自在的祕訣。

「不瞞您說，有時在雜誌上看到裝潢得美輪美奐、寬敞舒適的家，也會覺得很羨慕。忍不住想，住在郊外的大房子也不錯。但冷靜下來之後，想想還是覺得那樣的生活不適合自己。同樣的，有些人不適合住小房子。該住什麼樣的房子沒有標準答案，千萬不要限制自己

『一定要住大房子』或『將來就是要買大房子』，否則很可能讓你錯過更好的選擇。有些好處唯有住在小房子裡才能享受到，各位不妨仔細思考自己適合什麼樣的環境、最重視什麼，從正面觀點看待小屋生活，不要錯過任何可能性。」

加上一片板子就能活用櫃子空間，避免疊放物品，更輕鬆地收取自己想要的東西。上方照片是廚房吊櫃裡的模樣。吊櫃壁面原本就鑽好了洞，只要買尺寸適中的層板與銅珠裝上去即可。餐廳的收納櫃（下方照片）則是先鑽孔後，再放入銅珠，架上層板。

玄關是決定一個家第一印象的地方，一定要讓玄關看起來潔淨清爽。即使待在家裡，也會將鞋子全部收在有門片的鞋櫃裡。玄關的收納空間全都加裝層板，增加收納容量。

請傳授小屋生活祕訣！

Q & A

Q

選擇小房子時
格局上應注意哪些重點？

玄關與盥洗室一定要有足夠的收納空間，整理起來更方便。廚房和洗衣間要符合自己做家事的動線，增加生活的便利性。我發現最近不少大型開發商推出的公寓，特別注重收納與格局。

Q

平時如何收納行李箱和棉被？

我家有一個大型行李箱，兩個小行李箱，全都收在走入式更衣間。行李箱裡收著天災時隨身攜帶的防災用品。另外還準備了一套專門給客人用的棉被和空氣床墊，收在同一個更衣間的上櫃裡。

Q

高度較高的家具
如何預防地震倒塌？

以 L 型鐵片固定櫃體頂部與牆面，並在家具下方放入避免倒塌的合成樹脂製固定板。同時使用兩種商品，打造更安全的居家環境。墊在家具下的防倒商品不會損傷地板與牆壁，租屋族也可以安心使用。

Q

選擇收納商品時
應該注意哪些重點？

不因場所和櫃子尺寸選擇不同的收納商品，盡可能以同樣商品收納家中雜物。使用同樣的收納商品，就算深度與寬度無法完全符合收納櫃而出現死角，也能輪流在不同地方使用。照片是廚房和玄關的收納櫃，如果其中一處不需要收納商品，還能在另一處使用，避免浪費。

9坪

2口之家

柳本茜家
平面設計師
咖啡館＆酒吧「茜夜」店主

狹小不是缺點，
反而是優點。
搬到小房子裡之後，
生活變得自在又愉快。

柳本茜　以書籍裝幀為主的知名設計師，同時也在東京飯田橋經營咖啡館兼酒吧「茜夜」，供應美味的日本茶與酒。出版與生活有關的書籍，最新作品為《茜夜的小小樂趣　家的歲時記》（河出書房新社）。www.akane-ya.net

櫃子裡放著快煮壺、泡咖啡與泡茶器具，隨手就能拿取，像飯店一樣方便。在深褐色牆面的輝映下，整體空間宛如飯店簡練。

體驗過在心愛物品圍繞下的生活有多美好，才決定選擇九坪小套房的兩人生活

柳本家中只有她與先生兩人一起生活。柳本曾經搬過好幾次家，最後決定住在只有九坪左右（三十平方公尺）的小套房裡。以前也曾住過十八坪（六十平方公尺）以上的房子，如今加上零點七五坪（二點五平方公尺）的儲藏室，才比得上當年的一半。問她為何決定住在小套房，原因似乎又與財務考量無關。首先向柳本請教做此決定的來龍去脈。

柳本表示：「我從家裡搬出來，開始一個人住的時候就很想住在熱鬧的都心，其實我注重地段勝過空間大小。即使成為在家工作的自由工作者，最多只住過一房加閣樓的格局。與其追求大房子，住在鬧區裡，家附近有室內用品店、咖啡館等店家，對我來說更重要。這一點在結婚後依然沒變，我們也搬過好幾次家，但我和先生都認為住在都心比搬到郊區好，所以我們租過的物件都以小房子居多。」

之前租過十八坪以上的物件，當時覺得家裡空間太大，而且兩人都不追求住在大房子的

直徑 152cm 的大圓桌讓夫妻兩人坐在一起工作也不會影響對方，可以專心做好自己的事。地板鋪上組合式無邊榻榻米，坐起來更加舒適。

生活。

「後來我先生接受公司調派，前往札幌工作，那次的經驗讓我深刻感受到小房子的好處。當時我們住在東京，家就在我經營的咖啡館二樓，所以我先生調派到札幌只租了一間較大的套房。所有家具都從東京搬去，經過嚴格挑選後，我隨先生一起搬家。當時搬過去的全都是我喜歡的物品，我才發現這樣的生活有多愜意。而且，我也是在那時感受到『東西少的好處』。」在札幌的生活雖然東西不多，但過得相當舒適，也給了柳本全新的體驗。

札幌的套房只有一個單口瓦斯爐，廚房也很小，但她發現做起菜來比以前還方便，讓她大感意外。小廚房放不下太多鍋碗瓢盆，反而乾淨清爽，立刻就能拿到要用的東西，正符合柳本的想法。「我知道什麼東西放在哪裡，可以確實管理物品數量，這種感覺真的很棒。我喜歡在有限條件中，想辦法讓生活變得更好。在這個過程發揮創意，是一件很快樂的事情。」

有了這次經驗後，夫妻倆回到都心，在原本的家住了一段時間。再次搬家的時候，其實明明有更大的房子可以選，最後還是選擇了九坪左右的公寓。

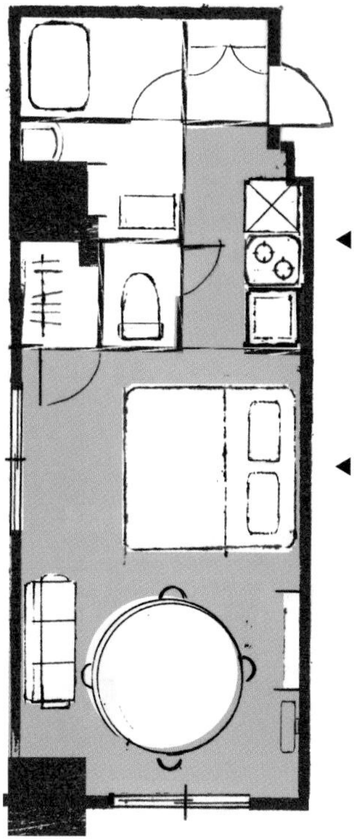

DATA

- 2 口之家（40 世代後半的夫妻）
- 9 坪（30m²） 一房（5.25 坪）
- 屋齡 4 年（居住 2 年）
- 集合住宅（租賃）
- 東京都新宿區
- 徒步至車站不到 5 分鐘

透過生活實驗決定住在小房子
這是一個重新審視珍貴事物的過程

前次搬到札幌時，只從東京的家挑選喜歡的家具與行李，這次搬家則要將所有東西搬走。以前住的空間與新家差別不大，但所有東西放入新家之後，卻覺得空間變得好小。之前住的家還包括一樓咖啡館，咖啡館結束營業後，該如何處理店內的東西便成為最大的挑戰。

「我想先挑戰自我。如果能在小房子裡打造舒適自在的生活，那將是一件最令人開心的事情，所以我拚盡全力整理手中的東西。」

柳本一一檢視手邊的衣服、書籍和資料。一般來說整理就是丟掉不要的東西，但柳本是將所有不用的東西全部丟掉。要將自己與先生所有的物品全部收在九坪的房間加上零點七五坪的儲藏室裡，確實是很大的挑戰。

就在此時，柳本看了電影《三百六十五天的簡單人生》，給了她很大的鼓舞。電影主角將自己所有的東西寄放到倉庫，每天只取一樣東西出來使用，透過這個方式檢視真正需要和重要的東西，讓自己獲得幸福。柳本覺得電影主角的做法很有趣，決定向他效法，精選要帶哪些家具和物品去只有九坪的新家。

「某種程度上，我們算是在自己的生活中做實驗（笑）。我先生也具有冒險精神，所以能夠跟我一起完成這項實驗。」

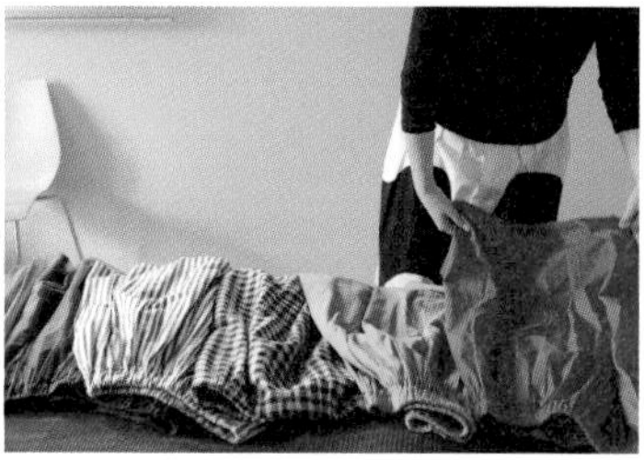

上：前方是女主人的衣服、後方是男主人的衣服。雖然數量不算極少，但確實不多。「我很清楚什麼樣的衣服適合我，我喜歡的款式也很固定，所以很難多買。」下：每天只穿手工縫製的裙子和上衣，有了固定的穿著模式，更不容易添購多餘衣服。

收納不受限於刻板觀念
即使是小房子也能方便自在

觀察柳本家的布置，發現想要有效利用小房子的有限空間，擺脫刻板觀念是最重要的關鍵。柳本家的物品全都收在一般人覺得意外的地方。舉例來說，將書收在走入式更衣間，和衣服放在一起。如此一來，便無須在客廳擺放書櫃。

浴室前的換衣間十分狹窄，將乾淨的內衣放在換衣間旁的鞋櫃裡，即可避免在換衣間放置占據空間的櫥櫃，也不用每次都要走到更衣間拿取衣物。為了不讓小廚房變得更狹窄，咖啡機和茶具組直接放在客廳，想喝咖啡或茶的時候順手泡來喝。

不將物品收在一般人認為理所當然的地方，發揮巧思安排收納場所，既可省去購買多餘櫥櫃和家具的麻煩，也能避免讓居家空間變得更狹小。所有收納地點都符合生活動線，使用起來十分方便。柳本的家告訴我們，只要擁有靈活的想像力，九坪小屋的兩人生活也能過得舒適自在。

左後方有一個走入式更衣間，收納衣服和書籍。雖然收納書籍的地方很特別，但多虧這個好點子，省下書櫃的空間。由於夫妻倆都很喜歡看書，因此不限制購買書籍的數量，但只要這裡放不下，就拿去賣給二手書店，維持流動狀態。

日用品全都走迷你路線，不儲備庫存
大量使用超商特製品和旅行用品組

常聽許多人抱怨不知道該如何整理自己的家，事實上，只要到對方家裡觀察，絕對能找到一大堆備用的日常生活用品。因為家裡有足夠的收納空間，所以一看到特價品就大量購買，久而久之便搞不清楚家裡到底有哪些東西，陷入重複購買的惡性循環裡，在柳本家看不到這樣的現象。柳本夫妻住在熱鬧的都心，附近有備貨量大的超市，旁邊還有便利超商，無須在家裡存放任何日用品。

令人欽佩的是，柳本不僅不在家裡存放日用品，所有使用中的日用品都是小包裝的迷你尺寸。不只不使用大容量商品，就連正常尺寸也盡量避免。調味料選擇最小罐的超商特製品，化妝品也選用旅行組。雖然大容量的商品換算下來較便宜，但她一點也不在意。「小瓶罐的收納空間較小，而且很快就會用完，我可以隨時用到最新鮮的商品，這一點真的非常棒。」

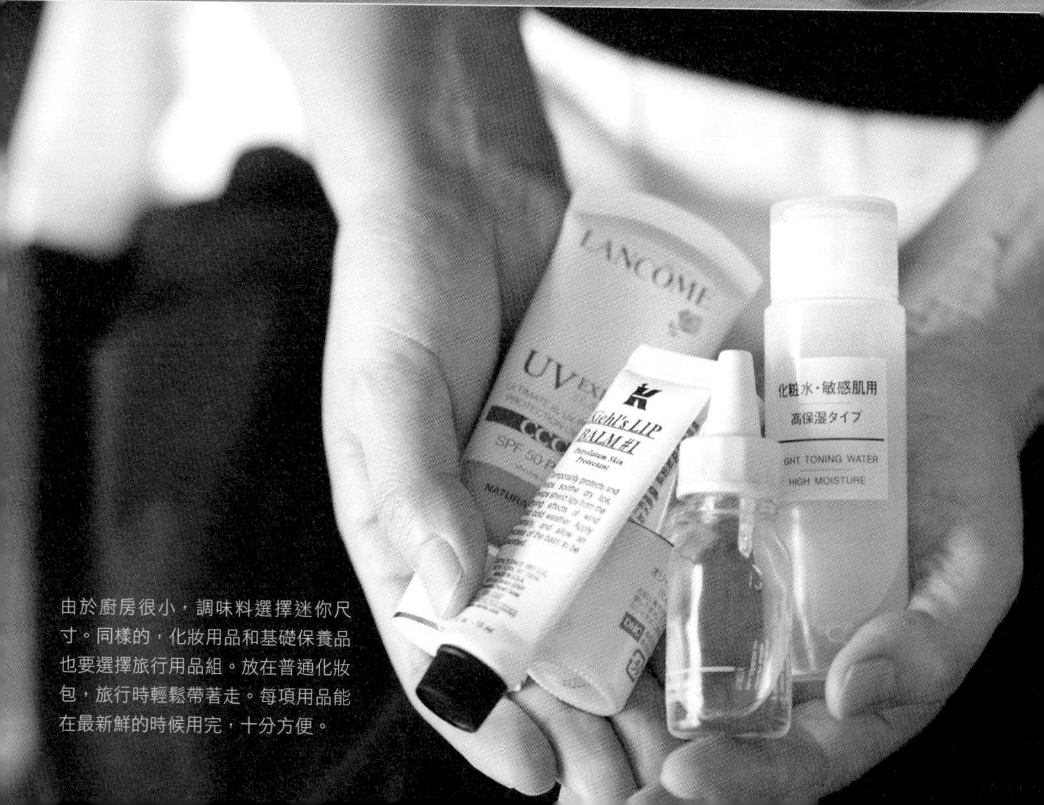

由於廚房很小，調味料選擇迷你尺寸。同樣的，化妝用品和基礎保養品也要選擇旅行用品組。放在普通化妝包，旅行時輕鬆帶著走。每項用品能在最新鮮的時候用完，十分方便。

不因為家裡小就選用小家具
大家具才能讓生活更舒適

兩個人生活在九坪的空間裡，有些人會捨棄床鋪，改用傳統的日式墊被。不過，使用墊被就必須要有收納空間，每天拿上拿下，對身體來說也是一大負擔。還有另一種做法，那就是選擇小家具。話說回來，體積較小的桌子或沙發通常只有一個用途，無法讓人休息，發揮真正功效，反而變成占空間的雜物。由於真的很難用，到最後桌子就變成擺放物品的地方，沙發無法躺臥只能靠坐，躺在地上還比坐在沙發舒服，這是一般人在居家布置上最常遇到的煩惱。

柳本認為與其選用容易造成生活不便的小家具，不如選擇方便好用的大家具。與日用品選擇迷你尺寸的觀點完全相反，家具反而要用大尺寸。

選擇加大尺寸雙人床，還有一張直徑一百五十二公分的矮圓桌。即使是住在大房子裡，大部分人也不會選這麼大的桌子，避免讓房子感覺狹小。

利用照明為小房子區隔空間。在床鋪右邊，也就是靠客廳的那一邊放置檯燈，搭配頂燈一起使用。夫妻倆可依照自己的時間做自己的事。

「大家常說我家裡的家具很大，但我認為大型家具才能有效利用狹窄空間。大桌子可以讓我和先生同時做自己的事，而且不影響對方。就算工作做到一半，東西還放在桌上，也有地方可以吃飯。帶回家處理的公務、用縫紉機縫製衣服，都在這張大桌子上完成。正因為大桌子的用途很多，自然不需其他家具。床鋪尺寸較大，可以舒服地躺著休息。住在小套房裡沒有私人空間，我們的作息時間又不同，為了擁有充足的睡眠，大床是絕對必要的家具。」

選擇矮桌還有一個好處，那就是無須擺放椅子。不只是柳本夫妻，有時候還有客人造訪，這張桌子旁最多曾經坐過十個人，若連客人的椅子一起考慮進去，這張矮桌真的省下許多空間。選擇椅面較矮的沙發，與矮桌一起發揮降低視線高度的效果，自然能讓房間感覺寬敞舒適。

不只如此，床鋪、矮桌、沙發、開放式收納櫃這四樣是兩人婚後購入的家具。過去將近十五年來，跟著柳本夫妻一起住過許多地方，可說是生活中的好夥伴。從他們的生活不難看出，雖然東西很少，但每一樣都充滿感情，是兩人最珍惜愛護的物品。

擺脫物品束縛，拋開人生負擔
更能專心過好簡單生活

「想在小房子裡過著舒適自在的生活，首要條件就是不能擁有太多東西。因此，在過得舒適自在之前，必須減少身邊的物品數量。如此一來，身邊完全沒有不用的東西，我很清楚

玄關原本就有一個大鞋櫃，但兩人鞋子不多，多出來的空間就拿來收納內衣（白色附蓋收納櫃裡）。由於浴室就在旁邊，內衣收納在此十分方便。

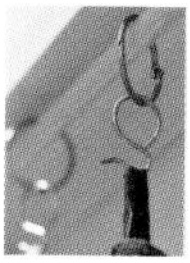

浴巾固定掛在浴室門前。將伸縮桿固定在門框之間，再用文件夾環和單邊閉合的 S 型掛勾吊掛浴巾。與一般雙邊開放的 S 型掛勾相較，單邊閉合的掛勾不會掉下來。

自己擁有的所有物品，就連一支原子筆也記得清清楚楚，管理起來十分輕鬆。這樣的狀態比想像中舒暢，內心感到十分平靜。我發現不用的東西與藏在門裡塵封的雜物是內心的陰影，也是人生的負擔。」

當一個人很清楚家裡的每個角落，不再焦急猜想「那個地方放著什麼東西」，自然不會感到壓力。一旦體會過這種感覺有多暢快，就會想一直維持下去，勤於整理自己的物品。養成習慣之後，家裡東西便不會繼續增加，產生良性循環之後，柳本家就能維持舒適的生活狀態。正因為住在小房子裡，才能擁有理想生活。「我們搬來這裡已經兩年，每天都是這樣的狀態。突然有客人來訪也不擔心。因為房子小，可以一眼看盡整個空間，維護起來真的很輕鬆。打掃一整個家花不了太多時間，也減輕不少心理負擔。」

調理臺上放了洗碗機，因此在一旁放一張迷你摺疊桌，方便做菜時使用。雖然廚房不大，但因為東西不多，比起以前待在大廚房時更經常親手做菜，這一點也令柳本感到驚喜。

狹小不是缺點，而是優點
正因為小房子才能擁有舒適生活

由於打掃起來很輕鬆，現在可說是柳本一生中最勤於打掃的時候。正因為房子很小，才不使打掃成為一件苦差事。「就連我先生也不再問我哪個東西放在哪裡了。家裡很小，東西很少，他也能清楚掌握所有東西的去向，生活變得相當輕鬆。我先生也想維持這種暢快的感覺，因此比過去更願意整理和打掃家裡。」最大的改變是過去從不做菜的先生，現在竟洗手作羹湯。他知道所有東西放在哪裡，需要用到的調理用具也很少，絕對不會出錯，自然而然想要親自嘗試料理的樂趣。

「有些人喜歡住在大房子裡擁有許多東西，而且他們善於管理，這樣的生活對他們來說相當開心。但對我和我先生而言，我們喜歡住小房子，過著少物生活，像我們這樣的人也不少。無論是大房子或小房子都有各自的優缺點，怎麼選也全憑個人的意思。遺憾的是，大多數人將寬敞視為優點，狹小視為缺點。我家並不是『即使小也很舒適』，而是『正因為小才這麼舒適』。對我們來說，狹小是優點。小房子讓我們住得舒適自在，未來我們也不會住在大房子裡。」

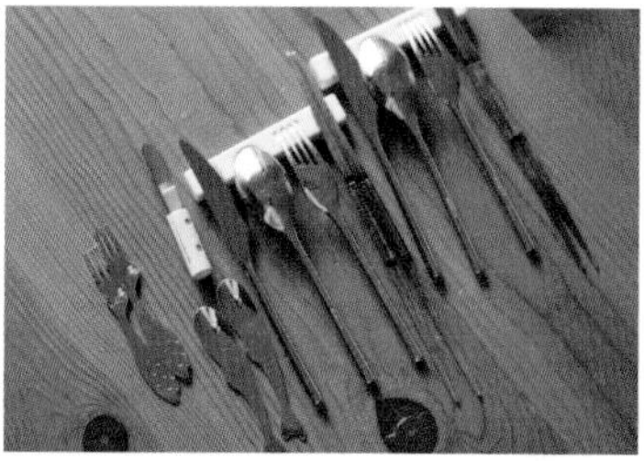

餐具全部收在吊櫃。平時在咖啡館可以盡情使用喜歡的碗盤杯子，因此家裡只需準備少量即可，刀叉等餐具也只有兩套。「家裡如果有客人，我會從店裡拿餐具。」鍋子只有三個，由於瓦斯爐只有兩口爐火，這些鍋子很夠用。

柳本不只撰寫與日本茶有關的著作，也經營日本茶咖啡館。家裡的茶具很少，但都是經過嚴格挑選，平時在家也會享受泡茶的樂趣。用完後收在橢圓形木盒，放在客廳的收納櫃上。

請傳授小屋生活祕訣！

Q & A

Q

妳不會留下有紀念意義的物品嗎？

我也會有無法捨棄的東西，而且收在平常看不見的地方。事實上，我在百葉窗後面的窗臺上放了幾個布偶（笑）。這些布偶與家裡的風格不搭，但因為是具有紀念意義的物品，所以我希望它們自然地融入這個空間。

Q

在小房子裡如何享受季節感？

受到媽媽的影響，我從念書時一個人住，就喜歡在家裡裝飾當季花卉，享受每一季的感覺。在小房子裡享受季節感的訣竅就是不特地準備相關用具。舉例來說，我在紅酒瓶外捲上一圈白色半紙（譯註），就變成適合正月使用的花器。

Q

如何才能減少物品數量？

或許我的建議有些偏激，但不妨搬到小房子住住看。人若是不受到限制就無法下定決心。要是現在無法做到，不妨假設未來要搬到小房子去住，一一檢視要帶哪些東西過去。

Q

家裡是否也會顯露出日常生活的感覺？

我平常使用烘衣機和浴室乾燥機，所以不在房裡曬衣服。吃完的餐具立刻放進洗碗機，絕不堆在洗碗槽裡。我想要維持整潔乾淨的狀態，想盡辦法不讓家中出現日常生活的感覺。

譯註：日本紙的一種。裁切成寬 25cm、長 35cm 的紙。由於是從原本的杉原紙（全紙）裁成一半，所以取名為半紙。

16坪

3口之家

能登屋英里家
上班族

不堅持住大房子，
反而可以按照自己的理想布置房子，
還能住在一直想住的地段。

能登屋英里　任職於服裝公司，專門負責櫥窗設計。採訪時正在請育嬰假。熱愛室內布置，嘗試從零開始翻修打造自己喜歡的居家空間，就連格局圖也自己繪製。

居家廚房擺設宛如咖啡廳，此次翻修從格局到細部設計皆由女主人一手包辦，才能完成如此精緻完美的空間。與新公寓附設的裝潢風格截然不同，充滿魅力。

站在廚房就能望盡整個居家空間，感覺十分寬敞。不因空間狹小放棄應有家具，餐桌、沙發、床、大尺寸電視一應俱全。

不因追求大房子委屈住在偏僻地區
而是選擇想住的地點，空間小一點也無所謂

能登屋夫妻原本住在租來的設計師公寓，享受絕佳的室內空間，但財務規劃師考量到夫妻兩人今後的人生發展，租房子很划不來，建議他們重新思考未來住處。根據今後日本不動產市況預測，規劃師建議與其買房子，不如降低租屋預算，改租其他房子。但話說回來，以規劃師規劃的租屋預算，很難租到自己喜歡的物件。若只考慮住得舒適愉快，改租其他房子確實是可行的方法，但夫妻兩人對於室內布置十分講究，對於房子的要求也很高，因此總是找不到適合的房子。最後決定購買中古屋，翻修成自己喜歡的樣子，於是兩人開始尋找喜歡的物件。

「剛開始我想買大一點的房子，到處去看位於郊外的公寓。若不希望貸款負擔太大，只能選擇離理想地段很遠的地方……每次到郊區看房子，光是舟車往返就耗盡氣力，也很擔心郊區的房子將來無法保值。既然如此，我們決定捨棄大房子，以理想地段為目標，改變選擇

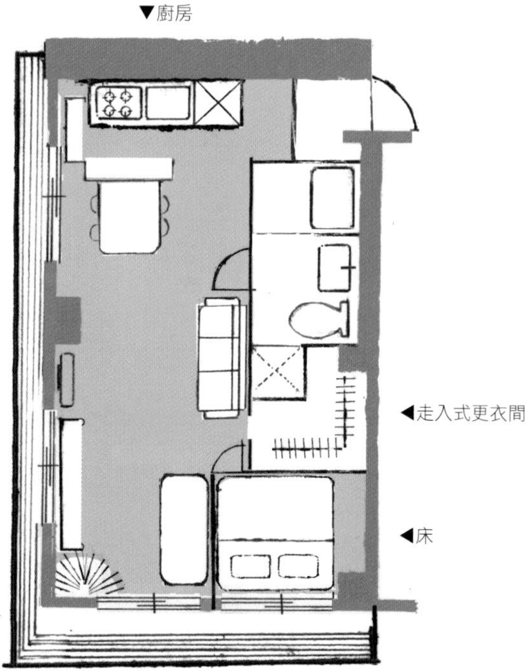

DATA

· 3 口之家（夫 40 歲、妻 36 歲＋長女 0 歲）
· 16 坪（52m²） 1 房 1 客廳 1 餐廳 1 廚房（客餐廳與廚房 8.9 坪＋臥室 1.75 坪）
· 屋齡 48 年（居住 2 年）
· 集合住宅（自有住宅）
· 東京都世田谷區
· 鄰近許多車站

翻修公司：大和工藝株式會社 http://yamatokougei.co.jp

條件。」

於是，他們遇見了現在住的公寓，大小只有十六坪左右（五十二平方公尺）。雖然是間中古屋，卻是大多數人都熟悉的經典老屋（vintage mansion），無須擔心未來貶值，所以決定購入。對所有人來說，在有限的預算和條件中尋找理想房子，必須要做的就是取捨，決定要什麼、不要什麼。夫妻兩人決定透過翻修實現自己喜歡的室內風格，優先選擇未來可以保值的熱門地段和物件，捨棄購買大房子。正因為他們很清楚自己的生活中哪些事情最重要，所以才做出如此結論。

「對我先生來說，與其大老遠通勤上班，寧願住在離公司較近的小房子。仔細想想，我從以前就喜歡小房子，唸小學時我還曾經跟狗一起窩在狗屋睡，也曾躲在閣樓或壁櫥裡（笑）。雖然大房子也很好，但我總覺得小房子比較能讓我安心，有安全感。」

打掉天花板，露出水泥與管線，可增加室內空間的高度，視野看起來更寬廣。粗獷的空間營造出時尚氣氛。

想盡情享受自己的生活
因此透過翻修實現理想的居家空間

能登屋在服裝公司從事櫥窗展示的工作，她天生就對時尚有極高敏銳度，過去曾在紐約與巴黎分別住過一年，就此開啟她對於室內布置的興趣，甚至熱愛到想要透過翻修實現理想空間的程度。

「那段期間我有許多機會接觸設計得很出色的房子，培養出我看室內布置的眼光，也讓我明白我喜歡哪種風格的家。住在巴黎的時候，有一次去芬蘭參觀阿爾瓦爾・阿爾托（Alvar Aalto／最具代表性的北歐建築師）的私人住處，他的家十分吸引我。」

在海外定居的日子讓能登屋看到許多外國人注重居家布置與居家生活的態度，從中受益不少。後來，她的朋友買了一間中古屋，翻修成自己喜歡的模樣。她到那位朋友家拜訪，發現朋友家又漂亮又舒適，深深覺得與其住在裝潢平凡無奇、不能自己決定居家風格的房子，不如住在可以反映自我偏好的家。

男主人喜歡彈吉他，將吉他掛在牆上的掛鉤，方便男主人隨時彈奏。隔壁的開放式展示櫃層板為可動式，就連原本不打算購置的電視，如今也有地方擺設。

許多人認為從資產價值與未來是否好脫手等觀點來看，購入新公寓是較好的選擇，而且居家裝潢也盡可能不要標新立異。但能登屋夫妻不這麼想，他們認為讓生活在裡面的人感到滿足，才是選擇房子時最優先的考量重點。房子買了之後或許不會住一輩子，但他們認為至少會住很長一段時間。正因為他們珍惜自己的生活才做了這個選擇。

「或許有一天我們會將這裡賣掉，搬到其他地方住。雖然大眾化的裝潢風格比較好賣，但精心設計的房子也不見得賣不掉。就像用出獨特味道的北歐家具雖然很舊，但還是許多人想要，反而可以高價賣出。我以前開的車是特仕版，在市場上很難見到，後來賣的時候比其他同等級的車賣得更貴，價格高出一倍。我買孩子的用品時也很講究，只買自己喜歡的東西，後來不用了，放到競標網站上賣，都可以賣到很好的價錢。過去種種經驗讓我體會到，只買自己喜歡的東西，在這一點上絕不妥協，不僅可以滿足自己的需求，又有其他附加價值，要賣或租都很輕鬆。」

收納櫃不裝門片，採用展示收納讓空間看起來更寬敞。鐵絲收納籃可以看到牆面，不會產生壓迫感。上方紙盒裡裝的是聖誕節用品。

從無到有全面翻新
將有限空間發揮到極致

以一家人的生活空間而言，十六坪確實有點小，走進能登屋家卻不覺得小，反而覺得空間很寬敞。這一切都要歸功於先拆除原有裝潢，從頭開始打造居家格局的翻修過程，才能充分使用每一處角落，發揮巧思克服小坪數的缺點。

房子是根據女主人畫的平面圖翻修的，她盡可能減少家中隔間，這是讓小坪數看起來較大的原因之一。一般來說，玄關與客廳之間會以門片或走廊區隔，門片會隔絕視線，使空間看起來狹小。此外，走廊的功用只是通道，所以決定不做。最後決定採用一開玄關門就是廚房的格局。

衛浴設備也是同樣的概念。一般家庭的格局都是將洗臉臺與更衣室放在同一個空間裡，能登屋夫妻的家還將馬桶與洗衣烘衣機設置在此，沒有隔間牆就能達到節省空間的效果。若利用牆面隔出兩個獨立空間，不僅會讓空間變小，也會增加成本。將衛浴設備和洗衣空間設置在一起，就能使空間變大，使用起來宛如市區飯店的浴室那樣舒適寬敞。

不細分空間是讓原有的一房一室一廳廚格局感覺寬敞的祕訣。廚房、餐廳與客廳相連在同一個空間裡，無論身在何處都很舒適。客廳後方放了兩張床當臥室，確保客廳的空間。

現在當臥室使用的空間只有一點七五坪，隔出最小限度的空間，不附設衣櫃也是節省空間的方法之一。多虧如此，才能在客廳擠出設置走入式更衣間的空間，徹底解決小房子共通的收納問題。不只是夫妻兩人的衣服，還有過季家電、吸塵器等所有東西都能集中收納在走

大約 1.75 坪的臥室放一張較窄的小型單人床和一張小型雙人床，整個空間只有床，營造出寧靜安穩的臥室氣氛。以白色為基調，將其中一面牆漆成藍色，感覺更明亮。上方照片是從客廳看過來的模樣；下方照片則是從陽臺看過來的樣子。

入式更衣間裡，打掃起來相當輕鬆，平時也很容易維持整潔。

收納櫃不裝門，避免壓迫感
開放式層架可使視線穿透，感覺清爽

收納櫃的設計隱藏著放大空間感的祕密，廚房水槽上方就最好的例子。在水槽上方設置吊櫃可以增加收納空間，但靠近天花板的櫃子不方便取用物品，不僅許多東西放進去就再也不會拿出來，還會對室內空間造成極大的壓迫感。為了避免這個問題，將以前家裡用的鐵絲收納籃與開放式層架裝在牆上，既可確保收納空間，又能減輕壓迫感。女主人用心挑選每一樣廚房用具，打造出宛如咖啡廳的開放式廚房，享受時尚氛圍，可說是一舉兩得的好方法。

玄關與電視周邊也全部採用開放式層架。層架與附門片的收納櫃不同，視線可以直接看到牆面，減輕了窘迫的侷促感。不僅如此，鞋櫃和電視櫃皆選用可動式層架。如此一來便能

右：將原木地板鋪成魚骨造型，為空間增添優雅氣氛。左上：臥室門的顏色既像黑色也像深褐色，十分特別，讓空間看起來更為沉穩。左下：洗臉槽、馬桶與洗衣機設置在同一個空間裡，利用白色、灰色與黑色等無色彩統合空間調性。

因應生活需求調整收納空間，避免東西太多沒地方收納。

臥室與盥洗室的門隨時打開，使用時才關起來。拆掉餐廳和廚房的天花板，露出水泥，盡可能確保空間的高度。這兩個方法可讓視線延伸至最大限度，與收納櫃不設門片具有相同效果，成功地讓室內空間看起來寬敞。

大多數收納用具都是沒有門片的開放式層架。玄關處的層架可上下調整位置，將最下層往上拉，就能收納嬰兒車。浴巾收納在盥洗室的牆面，看起來就跟飯店一樣整齊潔淨。放在廚房的各式調味料使用相同容器，放在層架上，看起來時尚有型。

正因為空間不大
才能在翻修時實現自己的夢想

地面鋪上以樫木製作的原木地板，鋪成近年來最受歡迎的魚骨造型。廚房則使用許多消費者喜愛的廠商推出的系統廚房。廚房牆面以磁磚做出紐約地下鐵牆壁造型的感覺，為空間增添特色。房間與盥洗室的門片選擇外國房子常用的設計，牆壁則依空間變換顏色，營造不同風格。

無論是坊間的新房或經過改造的中古屋，都不可能看到跟這間房子的內部裝潢相同的設計。家裡的每處材料與用品都由能登屋夫妻親自挑選，打造出自己的理想世界。「在找房子的過程中，我們也曾遇到已經裝修好的物件，我先生也勸我那樣的房子似乎也不錯，但完成這個家的內部裝潢後，我先生反而跟我說，他不知道當初為何會那樣勸我，還好我們沒買那間裝修好的物件，我們才能從頭打造屬於自己的房子，實現我們的夢想。」由此可見，他們十分滿意現在住的房子，不只是空間格局符合自己的需求，能生活在理想的居家布置之中，更是難得的幸福。

一般人在翻修房子的過程中，很容易因為預算問題不得不放棄原本的夢想，但能登屋夫妻想要的一切，全都在這間房子實現了。

「我覺得很有成就感，因為空間狹小也能成為實現理想生活的理由。大房子需要花更多錢裝潢，我們很可能因為預算問題，無法做得如此徹底。」夫妻兩人親自收集各種資訊，訂購需要的機器設備，由業主負責備料，再請廠商施工。若委託建築師設計施工，還要另外支付設計費，因此由業主直接與裝修公司接洽，省下一筆不小的費用。能登屋夫妻用盡一切方法降低成本，就是為了在預算之內完成夢想。就結果而言，選擇小房子反而讓他們堅持細節，無須妥協。

能登屋坦白地說，她也曾經想過要是房子再大一點就好了。不過，這個空間是配合他們的生活一點一滴建立起來的，住在裡面的滿足感勝過一切。就算要他們重新選擇，他們還是會做相同的決定。另一方面，能登屋為了讓自己的家住起來更舒適，特地考取整理收納建議師一級證照。捨棄大房子就能住在理想地段，擁有理想空間。能登屋的家讓我們深深體會，這樣的選擇不僅讓人快樂，也很值得。

右：走入式更衣間收納所有衣服、家電等大型物品。左：玄關處的收納櫃是家中唯一有門片的收納家具。文具、工具、家庭常備藥等生活所需的雜物全部收納在此。配電盤也在這裡面（最上層）。

統一廚房用具的顏色，選擇設計性佳的商品，採用展示收納看起來也很整潔。使用磁性刀架收納菜刀，橫桿掛著調理用具、單柄鍋和鍋蓋等器具。

請傳授小屋生活祕訣！

Q & A

Q

如何收納孩子的物品？

將無印良品的木櫃放在落地窗前，這款木櫃沒有背板，不會遮住光線。孩子的衣服、護理用品、玩具、圖畫書全都收在此處。彩色物品收在灰色毛氈籃裡，避免因顏色過多使得空間感覺雜亂。

Q

孩子長大後如何配置小孩房？

原本我和先生曾經討論過，要在電視櫃與後方窗戶附近做一道有室內窗的隔間牆，在那裡隔出一間房。還好沒有事先隔起來，我們還能享受一段沒有隔間牆，室內感覺開闊的日子。

Q

翻修房屋時如何收集相關資訊？

Instagram 與 Room Clip 等照片共享社群媒體十分好用。善用主題標籤搜尋翻修工程與材料名稱等關鍵字，找到符合需求的商品後，可直接詢問使用心得，迅速收集有益於消費者的相關資訊。

Q

平時如何收納行李箱和棉被？

棉被收在床鋪下方。以前我的朋友常來家裡住，特地將後方臥室當成客房，因此家裡有客人用的棉被。行李箱固定收在臥室裡，床鋪與牆壁之間的縫隙。

16坪

4口之家

Maki家
上班族
簡單生活研究家

**小房子讓我培養出
簡單生活的能力，
日常家事變輕鬆，
時間變多了，心靈自然寬裕。**

Maki 除了在廣告公司工作之外，也經營部落格「環保生活」。捨棄多餘物品，排除無謂家事，符合情理、細膩且豐富充實的生活型態廣受好評。著作包括《減物的細膩生活》（Subarusya）。http://econaseikatsu.hatenadiary.com

善用格局，讓家人坐在餐廳也能看到Maki 在廚房做菜的模樣。孩子有任何需求，Maki 都能立刻處理。

從十八搬到十六坪的房子，儘管空間變小了
但地段與環境是比空間大小更重要的選項

灰白色地板搭配卡其色廚房吧檯，從內部裝潢不難看出設計者的講究之處。放上深褐色餐桌與黑色椅子，營造出簡單又摩登的氣氛，這就是 Maki 家給人的第一印象。每天早晚只需稍微整理一下，就能輕鬆維持不擺放任何雜物的餐桌，與適合小孩玩樂、物品極少的客廳空間。Maki 與先生育有一對兒女，十六坪（五十三平方公尺）、一房一室一廳廚的空間對於四口之家來說，應該顯得有些侷促，但實際看過 Maki 家，不僅沒有狹窄的感覺，反而覺得寬敞。

四年前男主人接受公司調派，搬出原本住的宿舍，Maki 一家搬進這間公寓居住。以前的宿舍是十八坪左右（六十平方公尺），格局為兩房一室一廳廚，但現在住的房子只有十六坪、一房一室一廳廚。換算下來，差不多少了一間兩坪左右的房間。通常一般人不願搬進小房子住，但這間房子的地段很好，房子格局也以女主人最常待的廚房為中心打造。女主人在

從客廳往餐廳看的模樣。卡其色廚房
吧檯與黑色、褐色的家具十分相襯，
營造現代摩登的室內風格。

廚房忙碌時，可隨時掌握孩子的動靜。加上內部裝潢設計深得 Maki 夫妻喜愛，客餐廳空間設置了落地窗，感覺十分舒服。種種因素加乘之下，讓他們一眼就愛上了這裡，不在乎這間房子比以前的住處小，立刻決定搬進來。

「當初找房子的優先條件就是大女兒可以繼續就讀原本的幼兒園，不需轉學。要是再從頭找適合的幼兒園就讀，過程太辛苦了。以前我們住在車站旁邊，現在住的地方雖然離車站較遠，但有道路連結，道路兩旁的商店街十分方便，路上行人也很親切和善。所有街坊鄰居都對小孩很友善，讓我可以安心在這裡養育孩子，這是我決定入住這間公寓的最大原因。」

靠自己的能力支付房租，要在有限預算下找到理想房子，最重要的就是優先順序。對 Maki 一家來說，最重要的考量不是「寬敞空間」，而是房子地段、環境、格局方便性與裝潢設計風格等，簡單來說，就是房屋本身的吸引力。不堅持住大房子，就有很高的機率可以住在自己想住的地區、自己想住的房子。一般人認為孩子會愈來愈大，一定要住大房子才行，但 Maki 夫妻不這麼想，對於空間大小沒有一定的堅持，也因此實現了最優先的條件。

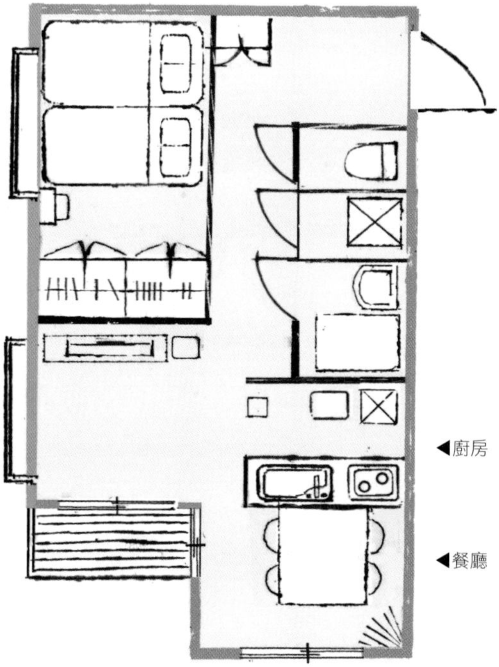

DATA

· 4 口之家（30 世代前半的夫妻+長女小 2+次女 3 歲）
· 16 坪（約 53m²） 1 房 1 客廳 1 餐廳 1 廚房（客廳 3 坪+餐廳 3 坪+臥室 4 坪）
· 屋齡 16 年（居住 4 年）
· 集合住宅（租賃）
· 東京 23 區內的熱門住宅區
· 徒步至車站不到 5 分鐘

重新審視生活，回歸簡單樸實
減少多餘物品，生活自然走上軌道

當初搬家的時候，Maki 一家只有三口。每天忙著工作、家事與育兒，毫無喘息機會，但 Maki 還是想辦法撐了過來。懷了二女兒，是 Maki 一生中最大的轉機。若要維持以往的生活型態，很難兼顧工作和照顧兩名女兒的需求，生活一定會一團混亂。於是趁著產假和育嬰假期間，重新檢視自己的生活。

「可以想像等我回到工作崗位後，我一定沒空打掃家裡，所以我打算減輕做家事的負擔。左思右想之下，決定減少家中物品。當時我家客廳還有沙發、矮桌、立燈和書櫃，若沒有大型家具和雜物，孩子們可以自在地在客廳玩耍，也較方便使用吸塵器。以前我很喜歡雜貨用品，在家裡擺了一堆，仔細一看卻發現上面都積滿了灰塵，如果沒空整理或好好維護，那就是不需要的雜物。」

Maki 最重視的是易於打掃與整理，即使忙碌也能輕鬆維持令人舒適的空間。雜貨用品

丟掉沙發與矮桌，客廳完全不放任何家具。孩子可以安心在客廳玩，打掃起來也很輕鬆，只有好處沒有壞處。電視放在與窗戶相對的另一邊，兼具電視櫃使用的收納櫃裡。

存在的意義是讓生活充實愉快，若堆滿灰塵便失去存在的意義，因此毅然決然地捨棄。Maki花了兩年的時間丟掉所有不需要的雜物，與不再使用的物品。

剛開始處理的只有擺飾在家裡、一眼就看到的雜貨用品。丟完之後，發現擺放雜貨的櫃子成為無用之物。最後整理的則是抽屜裡看不見的角落。誠如 Maki 所說，「抽屜裡有許多不要的東西，像是寫完的筆之類的雜物。」

當家裡東西少了，孩子拿出玩具撒了一地，玩完後要整理就會變得很簡單；當家裡東西少了，擺在外面的物品就會變得礙眼，令人想要立刻整理，輕鬆維持整潔空間；當家裡東西少了，就能立刻找到自己想要的物品，無須花費時間尋找，也不再遲疑該用哪一個；當家裡東西少了，再也無須大量的收納空間，即使是小屋生活也能過得舒適自在。

用心處理多餘雜物，回歸簡單生活，就能享受這麼多的好處。Maki 深刻體會到之前用在整理、找東西與打掃的時間太多，減少家中物品就能省下許多心力，縮短做家事的時間，於是擁有更多空閒時間，心靈也獲得釋放，生活自然回歸軌道。維持簡單生活是 Maki 一家的基本原則。

孩子親手做的作品與充滿回憶的全家福紀念照，都想擺飾在家裡。不過，客廳屬於放鬆的空間，若擺在客廳容易顯得雜亂，因此放在玄關處。

孩子的玩具收納在客廳電視櫃旁的籃子裡，還有一小部分玩具放在孩子拿不到的地方，偶爾拿出來換個花樣。

只擁有必需品就夠了
專注於「這一刻」，就連孩子的物品也不會突然暴增

丟掉許多雜物後，Maki 才發現自己買了這麼多不要的東西，並深刻反省過去的行為，從此養成謹慎購物的習慣。現在不只是購買高價商品會先考慮，即使是平價商店的用品也會再三考量。

「以前一到假日，我們一家就會去購物中心買東西。現在回想起來，當時買的都不是必需品，純粹藉由購物宣洩壓力。」每次出門便帶回一堆不要的東西，堆滿雜物的家住起來一點也不舒適，於是一到假日就想出門，一出門又買更多東西，形成惡性循環。Maki 自從擺脫過去的惡性循環，如今的生活感覺十分悠哉、清爽。可以肯定的是，在這樣的家度過的日子一定十分開心。

許多人認為有了孩子之後，東西一定會愈來愈多，無法維持簡單生活。事實上，Maki 表示：「小孩長很快，需要的東西每個階段都不同。不過，『現在』需要的東西絕對不會太

基本上 Maki 喜歡「隱藏式」收納。家裡的鍋碗瓢盆和調味料絕對不能超過櫃子可以收納的數量。這個好習慣讓她得以享受寬敞的調理臺，做菜時更為輕鬆方便，打掃起來也很省事。廚房用品亦不會沾染油污。

多。因此，我們只準備『現階段』需要的東西。」

隨時專注在「這一刻」，擁有現在需要的物品，丟掉過去需要的東西。至於未來需要的，等那一刻到了再買就好。Maki 深深覺得只要秉持這個原則，家裡東西就不會多到令人困擾的程度。衣服也是同樣的道理，Maki 熱愛時尚，每一季都會開心地買新衣服。但她只穿適合現在的心情，適合現在自己的衣服，而且只要超過一年沒穿就會丟掉。不去想過去與未來，只關心現在穿不穿，就不會讓家裡的衣服數量失控。

每天檢視就能控制物品數量
將東西全部拿出來整理，順便打掃家裡！

不可諱言的，再怎麼盡心維持家裡東西的數量，一不小心還是很容易失控。不過，Maki 卻能輕鬆維持簡單生活，向其請教祕訣，原來她經常檢視家中現況。根據她的說法，她每個月都會針對某個地方檢視一次，確認東西是否過多。

「例如今天決定檢視水槽下方的狀況，我就將水槽下方的東西全部拿出來，以現在是否用得到為標準，一一確認每樣東西。」一般人都是用眼睛檢查，確認該空間是否有不要的東西，Maki 則是將放在該空間的東西全部拿出來，這一點十分重要。以更嚴格的標準檢視每樣物品，確認它是否值得再放回原本的地方。東西放久了，我們很容易忘記它的存在，Maki 的做法能讓我們更容易找出無用雜物。「將東西全部拿出來整理」還能順便打掃，可說是一

上：有別於日本一般房子的格局，這間房子的洗臉臺裝設在浴室裡，因此 Maki 選擇在廚房化妝。吊櫃下方收納化妝品，鏡子裝在吊櫃下，只要站著就能輕鬆化妝。下：將粉底、腮紅、眉粉裝進鋁製名片夾，既節省空間又充滿自我風格。

舉兩得。將收在某個空間的東西全部拿出來，有助於我們好好面對自己擁有的物品，這也是最有效的方法。

精緻生活最大的好處在於東西少，心靈卻很富足

很多人一提到少物生活，就會聯想到家徒四壁或離群索居的概念。造訪 Maki 的家，發現屋中物品確實很少，卻沒有捨棄生活的味道，不難想像 Maki 一家在這裡和樂融融的歡聚景象，也能感受到身為職業媽媽的 Maki，在忙碌工作之餘，不願放棄自己的興趣，想要守護珍貴事物的心境。

她所愛的都不是誇張華麗的事物，她喜歡購買最新鮮的當季蔬菜，利用食物的天然原味製作簡單料理，滿足全家人的胃。無須花時間做功夫菜，冰箱裡有各式各樣事先做好的常備

料理是 Maki 最重視的一環，讓生活變簡單，就能花時間好好做菜。利用週末製作常備菜，或先將蔬菜汆燙備用。每一季更親手做糖漬水果或醃梅乾，忙得不亦樂乎。

菜，隨時都能吃到簡單的美味。就連味噌、柚子醋等調味料也都是 Maki 親手做的。只要季節一到，Maki 就會製作醃梅乾與糖漬水果。從玄關處裝飾孩子的畫與全家福照片來看，即可知道 Maki 十分重視與家人在一起的生活。東西雖少，心靈卻很富足。不，應該說正因為家中沒有雜物，才有充裕的心靈與時間，讓 Maki 盡情去做自己想做的事情，擁有豐富充實的生活。

既然能住小房子遇到任何環境都有信心過得精彩

「減少家中物品，讓我們一家有信心在任何環境都能住得愉快。住在現在的小房子裡，對我們來說是一種鍛鍊。未來或許會搬到更大的空間居住，但能在小房子實現我們一家的理想生活，是一件極具意義的事。這個家的簡單生活讓我明白自己真正的喜好，也了解真實的自己。如果在不了解自己的情況下住進大房子，我一定會毫不考慮享受寬敞空間，任由家中雜物愈堆愈多。」

Maki 在生下大女兒的時候，也曾四處看樣品屋，夢想興建獨棟房子。如今實現了簡單生活，知道在小房子也能過著舒服自在的日子，便覺得不需要擁有寬敞的大房子。

事實上，在結束這次採訪不久，Maki 一家決定搬家。新房子雖然比這間房子大一點，但也只有十七點八坪（五十九平方公尺），格局為兩房一室一廳廚。以四口之家來說，依舊

簡單的事情重複做是維持整潔環境的不二法門。大女兒在餐桌上寫功課，但寫完後一定會回到臥室裡的書桌看書。Maki 與二女兒一起收拾玩具，拿出來的東西用完後一定當場整理，恢復原狀。桌面與地板隨時保持不放東西的狀態，整理起來不僅輕鬆，也容易維持整理的熱度。

不夠寬敞。Maki 認為以目前的狀況來說，房子太大無法好好管理，因此仍舊選擇住在小房子裡。「若選擇住在三房一室一廳廚的房子，會多出一間房。到最後，那個房間一定會堆滿沒用到的東西，我不想花錢租一個空間來堆雜物。等孩子再長大一些，或許情況又會改變，但就現在而言，我們不需要那麼大的房子。」

若房子太大無法管理，超出自己的能力範圍，不如選擇小房子住。這就是 Maki 目前的心境。一家四口住在十六坪、一房一室一廳廚的房子裡，不以「房子太小不好整理」、「房子太小無法住得舒適」為藉口不思解決之道，反而積極摸索讓一家人過得輕鬆自在的方法，發展出少物生活的理想型態。多虧如此，他們才能培養出在哪兒都能住得舒適的能力。

住在小房子裡，讓 Maki 了解什麼事對自己和家人最重要。小房子讓他們培養出毋須藉助物質也能過得充實的能力。今後不管住在什麼樣的家，不管過著什麼樣的生活，對 Maki 來說，現在培養出的能力絕對會是她一生的寶藏。

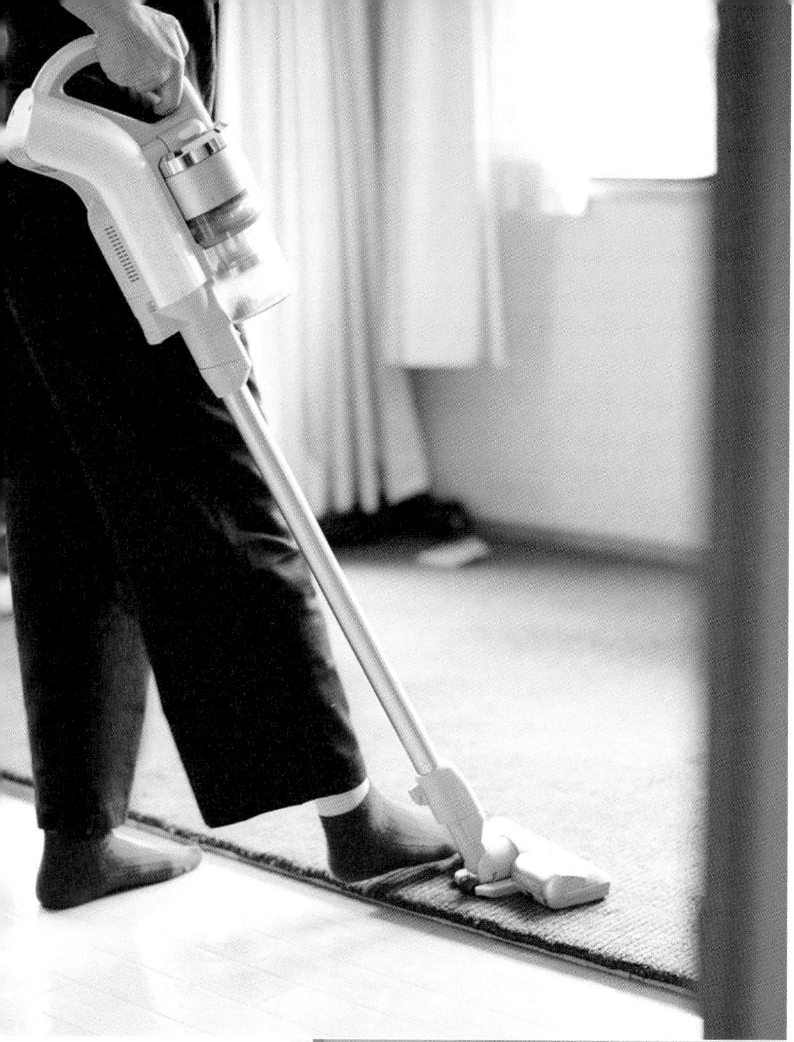

上：手持式充電吸塵器只要充一次電就能打掃整個家，這就是小房子的好處。隨時隨地都能輕鬆打掃。下：小房子的另一個好處就是同樣的東西不必準備好幾個。家裡只有廚房擺放垃圾桶，無論從家裡的任何角落走到廚房都很近，使用起來不覺得麻煩。

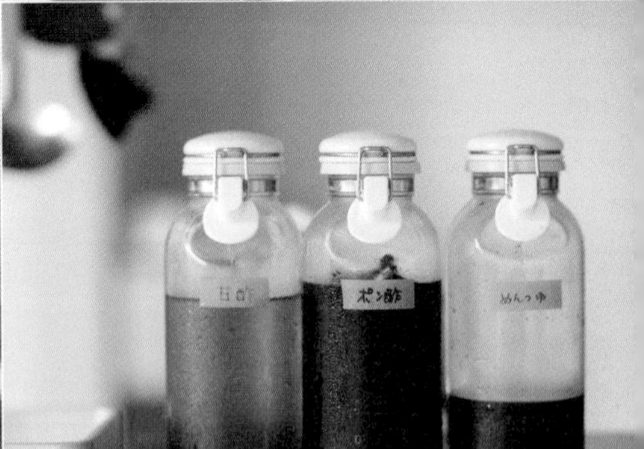

上：所有餐具都收在吊櫃裡。這個數量足夠四口之家使用，盡情享受美味料理。下：使用可取代醬油、味醂與酒的「味之母」、味噌、砂糖、鹽、胡椒等基本調味料製作料理。柚子醋、甜醋與沾麵醬汁全都是自己做的。不買市售產品，維持簡單的瓶罐風格。

請傳授小屋生活祕訣！

Q & A

Q

小房子還有哪些好處?

最大的好處就是一家人自然而然地聚在一起。小房子使得所有人必須待在同一個空間，即使一個人玩樂，也會感受到其他家人的存在。在廚房裡做菜的時候，可以看到孩子的動靜，更容易培養感情。

Q

未來也打算一直租房子嗎?

我的婆家在岐阜縣，將來我想住在充滿綠意的鄉下，做為最後的居所。我想要耕田度日，等女兒們獨立生活後，我打算回鄉間生活。在此之前，我還是會租房子住，並依照各階段需求選擇適合的空間大小。

Q

平時如何收納行李箱和棉被?

小孩的衣服寬度較窄，掛起來後與櫃子牆面之間還有空隙，因此行李箱就收在空隙處。行李箱裡則收納過季衣服。冬季棉被拿去送洗後，就請店家幫忙收存，直到隔年冬天再取回使用。家裡還有一組客用棉被，勉強收進衣櫥裡。

Q

買衣服時也會精挑細選嗎?

我認為只要擁有適合自己的衣服就夠了，不過，我的衣服不算極少。我的基本色是深藍色與白色，只要決定好基本色，就很容易互相搭配，也不容易買太多衣服。

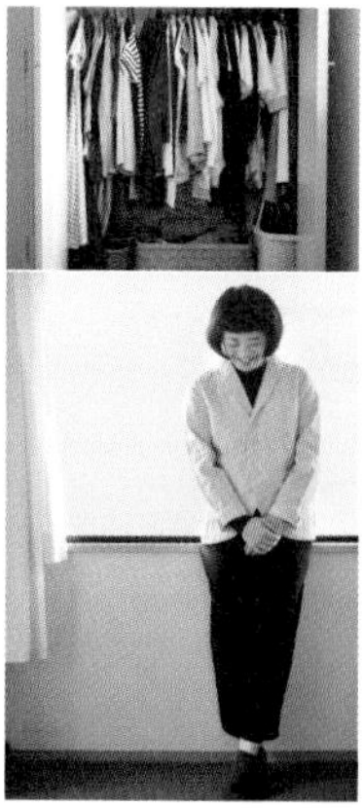

16坪

5口之家

鈴木家
自由編輯

全家可以一起
生活的時期並不長，
住在小房子就像集訓一樣，
既有趣又充實。

鈴木　曾在大型出版社工作，後來成為獨立接案的自由編輯。目前從事電影、音樂等娛樂、生活、飲食相關的採訪、撰文與編輯工作。私底下是三個兒子的媽媽。孩子還小的時候，鈴木是一位全職工作者，每天忙著工作與育兒。

利用日本落葉松地板、灰色牆面、鐵杉木板隔間牆營造直線美學，搭配流線設計的「Series 7 椅」，相映成趣。餐桌不放任何東西，每天整理，維持現有狀態。

與其「寬敞而不便」，寧可選擇「狹小而便利」讓環境為生活增添樂趣的公寓正是首選

鈴木一家買下租了將近十五年的公寓。決定買房子的時候，大兒子十四歲、二兒子十歲、三兒子六歲。照常理來說，不到二十坪的空間住兩到三人，已經讓很多人覺得有些侷促，鈴木家卻有三個小孩，而且還是處於成長期的三個男孩。重要的是，鈴木買的公寓只有十六坪出頭。若要購屋，應該改買室內空間更大的公寓或透天厝，鈴木卻刻意選擇住在小房子裡。她之所以做這個決定，是因為她有堅強的意志，加上各種因素考量，自然而然有了這樣的結果。

「我先生從學生時期就一直住在這個地區，我則是結婚後一直住在這裡。我們在這裡有許多朋友和美好回憶，不想離開，加上房子的價格在我們可以負擔的範圍內，所以決定買下來。我和先生都來自鄉下，從小就住在有著廣闊土地的大房子裡，絲毫不覺得花六千萬日圓在畸零地蓋一棟鉛筆屋有任何意義……我不將房子視為資產，而是當成方便在東京居住的工

餐廳打造得很簡潔，利用客廳的一整面牆收納各式物品，包括電視、書籍、CD 等全都收在此處。書籍容易愈買愈多，因此放不下的書就賣給二手書店。

具。」

鈴木有些住在附近的朋友在小孩長大後，選擇搬到其他地區，住在更大的房子裡。但對鈴木來說，現在居住的地區教育環境良好，孩子們熱愛的擊劍練習場也在附近。公車站牌就在家門口，公寓裡還有醫院，這裡有許多比大房子更吸引人的優點。「我又要工作又要照顧小孩，對我來說時間很珍貴，與其選擇『寬敞而不便』，我寧可要『狹小而便利』。我覺得現在住的公寓讓周遭環境成為我的夥伴，實現我想要的生活。」

往後孩子會愈來愈大，難道不擔心空間不夠用？

「我相信會有辦法解決的。事實上，所有家人同一時間待在家裡的時間並不長。如果用都市的眼光來看我的娘家，我的娘家大概有十房一室一廳廚那麼大。小時候確實有許多人住在那裡，但現在只有我媽媽一個人住。看到娘家的例子，讓我不禁思考以家人最多、需求最大的時期為基準考量房子大小，是不是正確的做法？我和先生都是在十八歲時離家生活，孩子們有一天也會離開，所以我認為打造一個孩子們十八歲之後就想獨立生活的家才是最好的決定。」

鈴木的娘家在宮城縣氣仙沼市，由於此處在東日本大地震遭受到前所未有的災害，這也

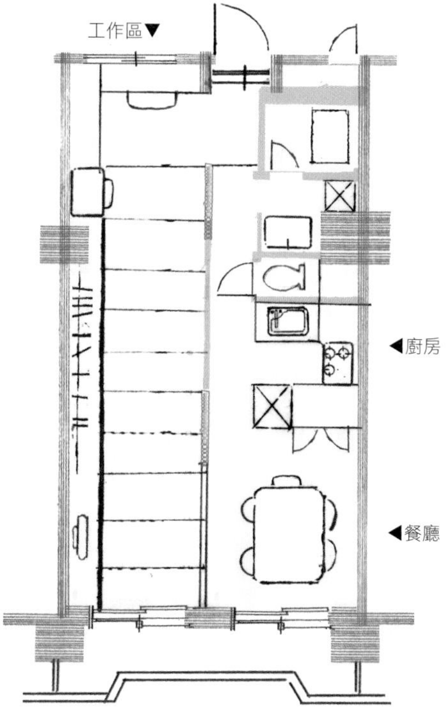

DATA

· 5 口之家（40 世代後半的夫妻＋長男高 2＋次男國 1＋三男小 4）
· 16 坪（53m²）　變形套房（餐廳區 2.5 坪＋工作區不到 1.5 坪）
· 居住約 20 年（翻修後住 3 年）
· 集合住宅（自有住宅）
· 山手線內的文京地區
· 徒步至車站 10 分鐘

翻修公司：Design Life 設計室　www.designlifestudio.jp

是她選擇小房子的原因之一。「只要有最低限度的必需品和空間，讓全家人聚在一起就夠了，我認為這就是幸福，這個想法深深影響我做的決定。」

利用翻修將家裡打造成套房型態 小房子最重要的是空間的美感

其實就這麼租房子下去也是很不錯的選擇，但當時會考慮買房是因為工作關係，鈴木經常到外縣市採訪新蓋的透天厝，讓她有了不同的想法。鄉下地方的房子都很寬敞，居住型態與東京大相逕庭。鈴木看過無數案例，不禁思考若能重新翻修房子，是否也能改變目前的生活型態？當時房子的格局是三房一廳廚，每個房間都很小，大兒子自己住一間房。如果可以重新打造房間格局，即使是同樣的空間，也能實現不同的生活方式。儘管鈴木笑著自嘲說：「我可能純粹只是想翻修房子罷了。」但從她的笑容不難體會到，翻修房子和住在小房子裡

客廳鋪上榻榻米，不僅可以躺臥休息，也能當臥室使用。墊高部分區域，做出類似樓中樓的感覺，可在上面玩或讀書，家中空間充滿多種用途。

都讓她樂在其中。

鈴木委託建築師青木律典先生進行翻修工作。「我在雜誌上看到他翻修的房子，我先生立刻決定委託他，於是我們一起去拜訪他。青木先生也翻修了自己的家，他家跟我家差不多小，不到十八坪。我可以清楚感受到如何利用翻修讓空間變大，我也從他家學到許多訣竅，最後決定將我家交給他。」

青木先生建議不要隔間，讓所有家人都能使用家裡的每個角落。事實上，鈴木並非想要一個打通的空間，但她認為不妨一試。「剛開始我的打算是先做一個簡單的空間，等到必要的時候再增加隔間。換句話說，翻修結束並非終點，而是家的起點。必要時我再跟青木先生討論，進行修正改造即可。不瞞你說，在實際住了一段時間後，我還加裝了室內隔間。」

原本被細分成好幾個房間的家，經過翻修之後變成一個大空間。儘管房子本身的大小沒變，感覺上卻寬敞了許多。書櫃、電視櫃、取代衣櫃的個人置物櫃全都利用木作工程設置在空間之中，無須擺放其他家具，讓全家人可以使用的地板面積變多了。

最重要的是，翻修後居家空間變美了，即使住了將近三年，仍令人讚嘆。地板使用日本落葉松製成的原木地板，觸感絕佳，赤腳走在地板上真的很舒服。安裝在窗上的紙拉門透進

從紙拉門灑進室內的陽光十分柔美，住在裡面真令人放鬆。當人擁有如此優美的空間，就會想盡辦法維持現狀，不讓任何雜物破壞美感，自然就能避免家中東西愈來愈多。

陽光，柔和的光線更是美得讓人驚豔。

「『Series 7 椅』是婚後使用到現在的家具，直到放在這個空間裡才發現它的設計有多美。住在這個翻修後的空間裡，不僅空間本身優美，無須擺飾或用物品塞滿也不覺得冷清，我十分滿意。」

住在小房子裡就要與物品拔河，必須精挑細選使用的東西。不過，只要空間夠美，使用的材料質感夠好，就能提升心靈滿足度，無須擁有太多東西塞滿空間，也讓人想維持空間的美感，盡可能不放多餘雜物。空間的美感與質感，看似與小房子的空間問題無關，看過鈴木家才發現，兩者其實息息相關。

瓦斯爐前方的牆上只掛一根橫桿，輕鬆收納鍋蓋、竹篩與各種廚房用具。利用牆壁與垂直空間收納，是住在小房子裡必須學會的生活巧思。

只要注重多用途、多功能
就能有效運用小房子的空間

翻修前鈴木一家就在這個十六坪的空間中生活，隨著小孩成長，家裡東西愈來愈多。從以前開始，鈴木一家就必須與家中物品爭地，找出和平相處之道。由於這個緣故，也讓鈴木培養出巧妙運用空間的技巧。其中之一就是所有空間和物品都必須發揮多重功能，極力減少單一用途的區域與物品，有效運用室內空間。事實上，整個翻修設計也產生不少多用途巧思，鋪著榻榻米的空間就是最好的例子。

那裡可以取代沙發，讓人或躺或臥，放鬆身心，也能變成臥室。當然，也是全家人相聚的客廳。

玄關也是最好的例子。玄關處留一塊不鋪地板的水泥地，將這個區域做大一點，放上鈴木的工作桌，即可兼工作區使用。下雨天也能用來晾衣服。

餐桌也是同樣的道理。既是餐桌，也是孩子們唸書的地方，更是鈴木的另一個工作桌。

左：玄關的水泥地做大一點，一部分做為鈴木的工作區。打開推車就能變成輔助桌，推車也能推到廚房使用。右：需要參考許多文件資料時，就到餐桌工作。每個空間都有多重用途。

可以摺疊的推車也具有多重用途，有時放在工作區，需要時推至廚房，當輔助桌使用。推到盥洗室還能當摺衣台，摺好衣服後，即可將衣服運往收納場所。

盡可能不讓空間只有單一用途，不購買只有單一用途的物品。對於住在小房子裡的人而言，充分發揮空間與物品的功能是最有用的創意。

不只是客廳，玄關與通道也裝飾藝術品。玄關處的浮世繪是每個孩子出生時特別買的紀念品，不時更換。

凡是介紹與物品相處之道的書都會買來看，可以提升整理時的幹勁。只要從中找到靈感並付諸實行，便將書送人，讓它繼續發揮作用。

訓練自己不增加雜物數量
定期鼓勵自己整理物品

鈴木住在這個十六坪的家將近二十年，一家五口的生活很容易在不知不覺間堆積雜物。「我現在可以輕鬆自在地丟掉衣服和書籍，住在這個家裡必須定期處理雜物，所以我努力訓練自己做到這一點。如果家裡空間夠大，放得下許多物品就不用處理雜物，住在裡面的人也會輕鬆許多。不過，這樣的做法不過是延後處理而已。家裡空間愈大，雜物只會愈堆愈多，管理起來十分困難。雖然大房子也有許多好處，但住在大房子裡必須具備高超的管理能力，反而讓人更辛苦。」即使住在大房子裡，總有一天還是得整理並丟棄雜物。選擇小屋生活則會養成定期整理的習慣，讓家中隨時保持整潔狀態。

市面上有許多極簡主義者與簡單生活家出版的書籍，書中提及許多看待物品的觀念，與物品的相處之道，這些書籍是鈴木整理雜物時最有用的靈感來源。即使觀念不同，有些地方無法產生共鳴，但每本書都有值得參考的創意，可從中獲得刺激與新觀點，幫助鈴木完成捨棄物品的過程。重點在於，不以「空間大小不同」或「家庭成員不同」為藉口，以虛心歸零的態度從書中獲取靈感。

「閱讀價值觀和自己不同的人寫的書，可借用對方的觀點俯瞰自己的家。接著，我會至少實行一項對方分享的方法或觀點，如此一來，那本書來到我手中也就值得了。」鈴木一家的生活讓我明白一件事，亦即人都是要經過訓練才能改變，不要被「我的個性就是捨不得丟東西，所以我不能住小房子」的框架限制住，勇敢地突破吧！

上：連接餐廳與廚房的吧檯可當備餐區，也能用來泡茶。下：鈴木家的二兒子與三兒子熱衷學習擊劍，是全國大賽的熟面孔。將房子打通成一個空間，方便孩子們練習。

有些物品一定要有，有些物品不在多
絕不放棄家庭生活中最重要的珍寶

雖然過著少物生活，但鈴木並非以最低限度的物品度日的極簡主義者。她會用藝術品裝飾空間，櫃子裡也有書籍和CD。光看室內擺設便可得知，鈴木家的文化素養相當高。

「我們沒有各自的房間，一家人隨時都在近距離的狀態下生活。這類生活的好處之一，就是彼此都能輕易感受到對方喜歡什麼。父母讀的書、聽的音樂會很自然地成為孩子們日常生活的一部分，兄弟之間也會相互影響。相反的，父母對於孩子們喜歡的事物也能瞭若指掌。」小房子的好處就是無論如何，全家人隨時都聚在一起。因此，鈴木不因為房子小就捨棄所有興趣與嗜好，反而堅持擁有書籍、CD與藝術品。透過這些物品，打造出親子、兄弟之間相濡以沫的環境，這是鈴木最重視的地方。

另一方面，有些物品不在多，少量已足夠。鈴木自己的衣服就是最好的例子，她的衣服少到令人驚訝，一年四季的衣服全掛在長五十公分的橫桿上。「這是我從書上看到觀念，書裡說只要擁有讓現在的自己變好看的衣服就夠了（笑）。所以我只留下穿起來好看的衣服，不斷提升自己的時尚風格。」

廚房裡不放分類用的垃圾桶，電鍋和吸塵器也全部處理掉。只要一有垃圾就拿去回收場丟，白飯用鍋子煮，以掃帚打掃家裡。鈴木以自己的邏輯決定需要什麼、不需要什麼，結果就是用得到的東西絕對不缺，令人佩服。

「遇到不得不與小房子妥協的狀況時，我也會忍不住想『這是什麼情形？』不過，當初在翻修房子時，我是以『集訓宿舍』的感覺打造自己的家。集訓是一個團隊在短時間內住在一起進行訓練的概念，我覺得我們家現在就是處於這樣的狀態。只要再過一年半，我的大兒子就要讀大學了，等他搬出去，家裡的生活又會出現變化。」不可諱言的，緊密相處的生活雖然辛苦，但也會培養出樂趣和團結一心的情感，這就是「集訓」的意義。正因為集訓狀態不會永遠存在，才更應該正面看待，樂在其中。鈴木的字字句句充滿著正面思考的態度，值得學習。

右：小巧的廚房就像飛機的駕駛艙一樣，想要的東西伸手就能拿到。空出水槽上方的層架，做菜時可將需要的用品放在此處，加快調理速度。左上：冰箱下層門片也是絕佳的收納場所，一般人不會注意到下層，但需要的時候十分方便。左下：連接餐廳與廚房的地方。左邊牆面貼著學校發的通知單，不僅易於確認，外人也不會一眼看見。下方櫃子收納三兒子的學校用品。

請傳授小屋生活祕訣！

Q & A

Q

如何處理
瓶罐與紙箱等回收垃圾？

放置分類用的垃圾桶會占據許多廚房空間，因此善用公寓提供的垃圾收集場，一有垃圾就拿出去丟。廚房內以磁性掛勾掛著塑膠袋，暫時收置垃圾。

Q

是否會有將東西
丟了卻後悔的經驗？

有人認為瀝水籃是不需要的東西，受到這類「極簡主義想法」的影響，我也將家裡的瀝水籃丟了。後來我才發現，瀝水籃是我們五口之家的必需品，只好再買一個。不用的時候放在櫃子裡，盡可能不在調理臺上放任何東西。

Q

是否打算一直維持
現在的格局？

當初翻修時我就打算因應生活做出變化，所以未來的格局應該會不斷改變。我目前正考慮在餐廳和榻榻米空間之間做一道拉門。此外，家裡還有噪音問題，我也在思考解決方法。

Q

什麼樣的人
適合住小房子？

樂觀開朗，適應力強的人，這樣的人滿足現狀，又會發揮巧思，所以很適合。相反的，太好說話，想當好好先生或好好小姐的人不適合住小房子，因為這樣的人捨不得丟掉別人送的東西，很容易受到他人想法影響，無法發揮創意。

10.5坪

2口之家

飯島　寬／尚子家
上班族／作家

慶幸住在小房子裡，
才能培養出輕鬆自在、
不受拘束的生活能力，
從此以後再也不受房子羈絆。

飯島　寬／尚子　先生飯島寬在 IT 業工作，妻子尚子之前在外資公司任職，現為美食作家。男主人屬於「先做再說」的個性，負責做決定。女主人負責透過收集資料等方式支持並實現老公的決定。

在二樓臥室做一個吧檯，晚上可以在此喝酒、讀書、打電腦，取代客廳的功能，享受悠閒時光。有時也會將床鋪當沙發使用。「從窗戶看出去，可以看到滿滿的綠意，早上起床時看到的景色真的很美。」

從老舊小公寓展開全新人生
大幅提升未來生活的自由度

飯島夫妻的小屋居住史，可回溯至新婚的時候。尚子與寬結婚後，就搬到寬居住的中古公寓。當時房子的屋齡為三十年，房屋格局是典型的田字型，兩房一廳廚，大小只有十三坪左右（四十四平方公尺）。男主人的觀念是「既然每個月都要付房租，不如拿房租去買房子」，因此在與尚子結婚前就買下那間公寓。兩人在那間公寓住了兩年，由於內部空間不只狹小，格局也很不方便，又不通風。加上尚子很喜歡做菜，夫妻倆都希望能好好坐下來一邊喝酒一邊品嘗美味料理，享受悠閒時光。那間公寓實在不符合他們的需求，於是決定換屋，開始去看新成屋，卻一直沒看到理想物件，不禁抱怨「要花這麼多年才還得完房貸，竟然還找不到好房子！」

就在此時，他們發現翻修也是選項之一。所謂的翻修可不是單純的裝潢，而是重新規劃格局和室內空間，完全扭轉目前的生活。他們很喜歡這樣的概念，最後決定不換屋，直接翻

一樓為開放式廚房，設計時以美觀為最大前提。為了避免瑣碎的廚房用具破壞美感，選用不鏽鋼與黑色用具統一空間色調。

修原有的十三坪空間。那已是十五年前的事情。「我們的生活完全改變了，明明住的地方和以前一樣，卻實現了我們夢寐以求的生活。我們的選擇讓我們確信，只要有設計規劃的能力，房子小根本不是問題。」

原本過著舒適自在的生活，但後來付完房貸，又想住得離都心近一點，於是萌生了搬家念頭。幸好遇到好的物件，決定租下來。由於兩人一開始就住在又舊又小的自家公寓，搬家時東西很少，很快就搬完了。當初買的若是新蓋的大公寓，不僅貸款時間很長，搬家也會變成一個大工程。從結果來看，不買大房子反而讓飯島夫妻的生活變得更自由。舊公寓經過翻修後，產生了獨一無二的價值，很快就租出去，之後八年也從沒閒置過。飯島夫妻不只透過翻修將房子改造成自己心目中的理想居所，還增加了狹窄老房的資產價值。

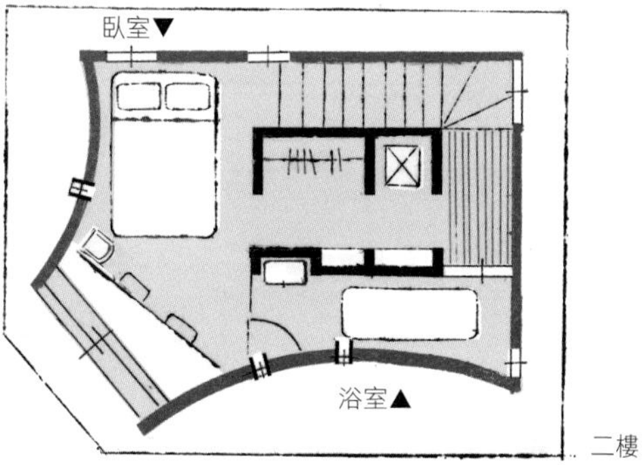

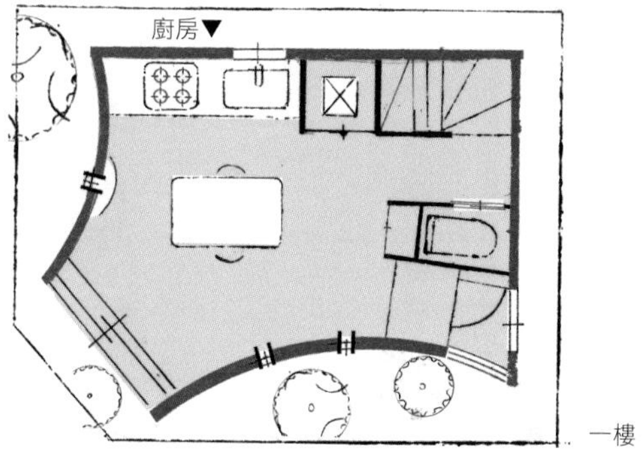

DATA

· 2 口之家（40 世代後半的夫妻）

· 10.5 坪（35m²） 1 房 1 餐廳 1 廚房（餐廳廚房 4 坪＋臥室 3 坪）

· 屋齡 3 年（居住 3 年）

· 透天厝（自有住宅）

· 東京都港區

· 徒步至車站 5 分鐘

設計公司：NIKO 設計室 www.niko-arch.com

正因為相信其設計與規劃能力才決定蓋一間小而美的房子

在大多數人嚮往的都心地區租屋而居，大小只有十五坪左右（五十平方公尺），格局為一房一室一廳廚。比起空間大小，地段是最優先的選擇條件。每天都能從街頭環境獲得刺激，坐在屋頂露臺還能享受周遭的優美綠意，親身體驗都心的便利性，與多樣植物的魅力。這樣的生活過了一段時間後，夫妻兩人又想挑戰新事物，決定打造一個立體的家。

兩人找了許多地方，最後找到理想土地，蓋了現在住的房子。而且地段就在港區，比之前住過的地方更熱鬧。儘管位處熱鬧的都心，卻是鬧中取靜的住宅區，還有一片茂密的養護樹木，感覺就像是在森林中生活，他們一眼就愛上這裡。不過，有個最大的問題是，這塊地很小，大概就是兩個停車位的大小，不能蓋三樓，也不能蓋地下室。可以想像在這塊土地上只能蓋出很小很小的房子，但還是無法抗拒宛如住在森林裡的優勢，最後決定買下來。男主人表示：「之前的翻修經驗讓我明白，只要用心，再小的房子都能變大。」一開始居住的公

從車站走過來的道路兩旁有許多綠色植物，無論身在室內或屋頂，都能享受綠意盎然的環境，於是決定買下這塊地。在房子空地擺上盆栽，營造出與街景相連的感覺。

寓讓他感受到設計與規劃的威力，對於任何環境都有信心克服。

只帶真正需要、真心喜歡的物品搬進新家 大房子只會讓人囤積多餘雜物

女主人笑著說：「這間房子是我們蓋的，但沒想到蓋出來的房子比之前住過的家更小。一樓與二樓的空間加起來只有十點五坪左右，大概是學生套房的兩倍大。」夫妻兩人興趣廣泛，在最初十三坪的房子裡設置了 DJ 臺，還有完整的音響設備，並非完全極簡主義的作風。後來租房子住，捨棄了一些東西，只帶真正需要、真心喜歡的物品搬進新家。「那是我們用心打造的房子，所以我們只想帶著有紀念價值的物品搬進去。下定決心後，開始整理物品，不過整理過程十分輕鬆。因為我們家沒有藏東西的死角，也沒有用來堆雜物的閒置空間。住在狹小空間裡，自然有所覺悟，於是帶著玩遊戲的心情挑選留下來的物品。」

不以哪些東西要丟掉為標準，從要帶哪些東西到新家的觀點選擇，自然就能汰除不要的雜物。飯島家也跟本書其他家庭一樣，刻意選擇的小屋生活昇華了他們與物品的相處關係。

「即使像現在收納空間這麼少，也沒地方堆東西，還是會有用不到的雜物，或忘記自己有而重複購買的用品。我們住在這麼小的家，還能選出這麼多東西丟，可以想像如果住在擺得下很多雜物的大房子，我一定不清楚自己有多少東西。」

這個家最大的課題就是確保收納空間。階梯踏板下全都做成收納空間，放入捲筒衛生紙、熨斗、文庫書等大量雜物，關上拉門就能隱藏生活感。

家裡不需備齊所有物品
善用外界資源，小房子也能過得富足

男主人說：「人的慾望無限，永遠沒有盡頭。不管住在多大的房子裡，都會希望住更大的房子。當家裡有地方堆東西，看到什麼就想買什麼，也覺得自己需要。不過，每天思考該如何享受這有限的空間，才是一大樂事，你說對不對？」

從現實面來看，十點五坪的透天厝有其極限，不可能實現所有夢想。遇到必須取捨的時候是否能轉念，便成為能否度過快樂生活的分水嶺。

「過去我一直住在小房子裡，蓋了房子後，我想在家放沙發。不過，畢竟家裡只有十點五坪，最後還是沒放。我轉念一想，只要去擺放舒適沙發的咖啡館，還是可以坐在沙發上休息。住在都心就是有這個好處，家附近就有雅緻的咖啡館，飯店也有可供大眾使用的休閒空間。」

想讀書就去圖書館，想一個人獨處就窩在車裡，或到旅館住一晚。從車站到家裡的綠色

不想住在自己天馬行空打造出來的家，因此委託「NIKO 設計室」設計房子。顏色搭配跳脫框架，二樓牆面漆上粉紫色，與藍色床罩形成強烈對比，營造時尚感。

道路，就當成自家門前的引道。善用都會生活的優點，盡情利用街上的設施，讓外面的世界成為家的延伸，因此無須在家中備齊所有物品。從這個角度思考，住在十點五坪的家也能感到舒適自在，飯島夫妻的生活讓我們深刻感受到這一點。

「我是以露營帳篷為概念來打造自己的家。帳篷的內部空間很小，放得下的東西有限，如有任何需求便善用外界資源。我家就像帳篷一樣，想要放鬆就到附近溫泉泡湯，想看景色就走出戶外，呼吸新鮮空氣。我跟老公去看電影《借物少女艾莉緹》時，他還驚呼地說：『我們應該向她學習！』電影主角艾莉緹若有需求便向人類『借』自己需要的物品，我們也可以靈活運用公共設施，豐富自己的生活。自從住在這裡之後，我們的想法改變了，無論是用品或空間都要與大家共享。」

為了讓鄰居或行人感到舒適，蓋房時打造能與四周綠樹相互輝映的外觀，儘管房子很小，卻在房子四周擺滿盆栽。走進玄關就會看到餐廚空間，很適合邀請親朋好友來家裡玩。

「曾有鄰居跟我說：『每次回家途中看到你家就覺得很放鬆，謝謝你蓋了一間這麼漂亮的房子。』朋友的小孩還跟他媽媽說：『今天我去了一棟童話故事裡才有的房子玩，那棟房子感覺很像玩具，我在那裡玩得好開心喔！』外界事物也經常給我們許多刺激與方便，所以我家的風景、房子也要跟附近鄰居和朋友分享。我就是以這樣的態度看待自己的家。」

為了不破壞廚房的帥氣風格，選擇將冰箱隱藏起來。打開廚房旁邊的門就會看到冰箱。餐具收納在冰箱旁邊，充分活用樓梯下方的空間。

非日常的空間設計
讓人忘記小房子的局限

利用設計規劃的能力解決小房子的問題，飯島夫妻選擇 NIKO 設計室做為打造住居的夥伴。雖然房子很小，但成功打造出待在家裡就像坐在森林樹蔭下的舒適居所。完工隔年，飯島的家榮獲住宅建築獎的肯定。高挑的天花板、透過窗戶引進戶外美景，完全消除了狹窄的感覺，讓人待在屋裡就覺得悠閒自在。令人意外的是，家裡幾乎沒有白色牆壁。小房子就是要配白牆，這是一般人都有的想法，飯島家刻意逆向操作。「我發現獨特的顏色搭配讓小空間產生了立體感。」非直線的牆壁也是關注焦點。以曲線打造的牆、顏色雅緻的牆壁和天花板，都給人非日常的印象。讓看慣白色與直線牆面的我們感到新鮮，或許這就是待在小房子裡卻不覺得空間狹小的祕密所在。

飯島夫妻打造室內空間時，最注重的就是雙重意義。不只是設計力或對待物品的方法，雙重意義也是充分發揮小房子功能的祕訣。根據女主人的說法，雙重意義指的是一樣物品或

下樓梯時看到的餐廳景色，映入眼簾的是非日常的空間。為表現樹幹、葉子的意象，牆壁漆成深褐色，天花板漆成綠色。加上窗外還能看到蔥鬱的樹木，坐在餐廳就像坐在樹下一樣悠閒愜意。

一個空間具有兩種意義（用途）。這跟第一三四頁介紹的鈴木家秉持的「多用途、多功能」概念有異曲同工之妙。最明顯的例子就是一樓的餐廚空間兼具玄關功能；二樓臥室可當客廳使用；床可當沙發躺臥；餐桌既可吃飯，也能變身成工作桌，就連垃圾桶也特別選擇可以當椅凳的產品。

「我覺得在小房子裡使用的工具與用品，最重要的選擇條件就是設計。」將隔間牆與門片控制在最低限度，確保開放的視覺感受。由於家裡沒地方藏東西，舉凡瓦斯爐這些大型用具，到工具類的小物品全都放在外面。正因如此，更要選擇美觀又喜歡的設計產品，避免讓小房子陷入雜亂無章的窘境。設計好看或用途多樣的用品通常都不便宜，但可讓小房子住起來更舒適，光這一點就很划算。

細節處絕不馬虎，以舒適生活為目標打造的小房子。飯島夫妻在這間小房子裡的生活最近出現了一個新的變化。他們利用週末的時間做起民宿生意，將自己的房子整棟租給外國旅客。「這也是共享的一環，住過的旅客都很滿意在東京住小房子的經驗。」

出租房子的期間，飯島夫妻如何解決居住問題？答案是他們用民宿收入在千葉縣的九十九里濱租房子，展開週末別墅生活。

右上：由於是開放式廚房，為了顧及美觀，特地選購美國知名品牌「Viking」瓦斯爐連電烤箱。右下：垃圾桶選擇可當椅凳的設計，乍看之下，看不出這是垃圾桶。左：安裝在牆面上的木櫃採用流線造型，既具裝飾性，也發揮收納功能。

搬出自己買的公寓，在另一個地方租屋而居；因為愛而買下一塊土地，蓋自己的房子；現在又過起週末別墅生活。飯島夫妻的生活態度十分自由，不受拘束。「有人說我們的生活太奢侈，但我們不選擇住在飯店，而是到另一個地方生活，這個體驗改變了我們的人生觀，效果可以媲美環遊世界。這就是我想投資的人生體驗。」

飯島夫妻一結婚就住在小房子裡，正因如此，他們的生活才能如此自由。當初要是買了新蓋的大公寓，就不可能擁有現在的人生。若用這是「刻意選擇小屋生活的終極型態」來形容，一點也不為過。

在玄關旁做一個櫃子，下方收納鞋子。不一昧地增加收納空間，利用內嵌式裝飾櫃擺放自己心愛的物品。

廚房完全是量身訂做而成，由於家中空間不大，轉身就能看到廚房，因此設置附門片的收納櫃，將瑣碎用品收在裡面。體積較大的鍋和碗收在水槽下的抽屜櫃裡。

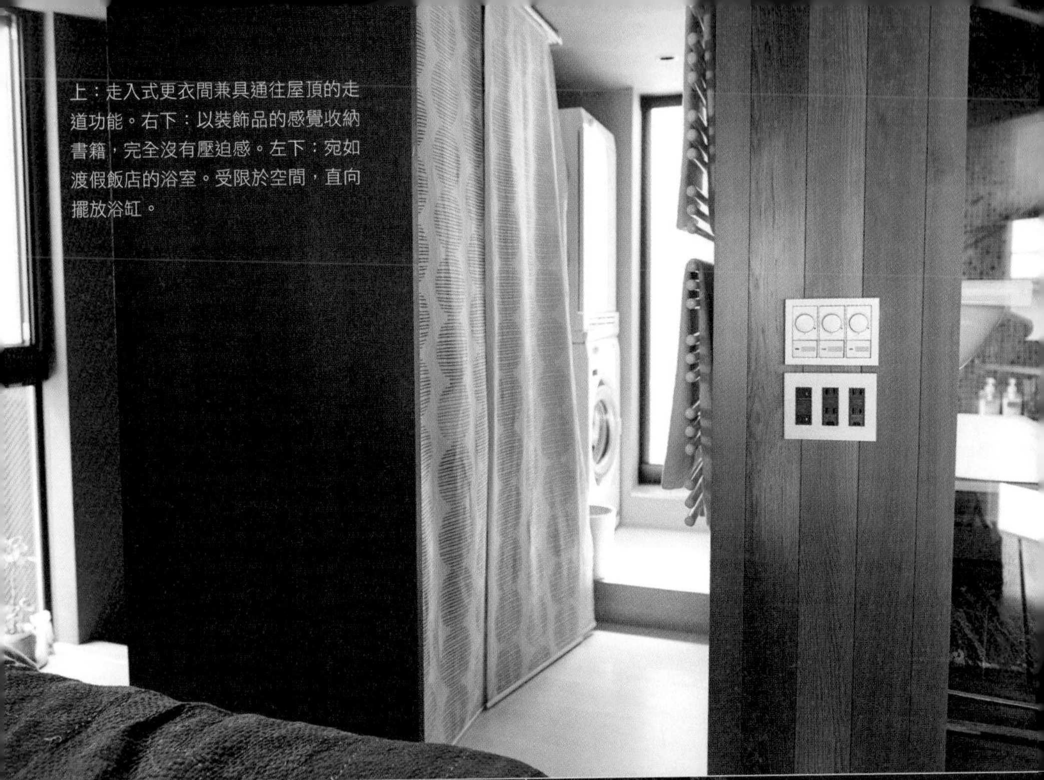

上：走入式更衣間兼具通往屋頂的走道功能。右下：以裝飾品的感覺收納書籍，完全沒有壓迫感。左下：宛如渡假飯店的浴室。受限於空間，直向擺放浴缸。

請傳授小屋生活祕訣！

Q & A

Q

家中沒有零碎的資料文件嗎？

包括保險、報稅、建築相關的資料文件都收好並妥善保存。在二樓走入式更衣間的入口上方做一個櫃子，擺放一整排在「IKEA」買的文件收納盒。幸運找到與家中色調相襯的顏色。

Q

平時如何收納行李箱和棉被？

被子沒有冬夏之分，天氣冷的時候就加蓋一條毯子，所以不占空間。不用的被毯平時收在床鋪下方。家裡沒有拉出抽屜的空間，因此選擇上掀式收納床。我們沒有行李箱，出門就用旅行包，同樣收在床鋪下方。

Q

如何處理瓶罐與紙箱等回收垃圾？

買了兩個可當椅凳使用的垃圾桶，避免垃圾桶占據家中空間。一個放可燃垃圾、一個放不可燃垃圾，包括瓶子、罐子、寶特瓶等。累積到一定程度就拿去倒在庭院的垃圾桶裡。一般公寓都有垃圾收集場，因此住公寓的時候，較容易處理垃圾問題。

Q

你們不看電視嗎？

現在電視愈做愈大，又找不到我們喜歡的設計產品，所以家裡已經有十年沒放電視。當初規劃時留了設置投影機與布幕的空間，但我發現我們用不到。現在電腦也能看影片，我覺得這樣就夠了。

14 坪

2 口之家

加藤鄉子家
編輯兼作家

打掃、整理等家事變輕鬆，
生活支出也減輕了。
家裡東西不再增加，無物一身輕，
可以充分享受小房子的優點。

加藤鄉子　經歷出版社工作後，成為一位獨立接案的編輯兼作家。擅長生活相關領域，對於室內布置、收納與料理有其獨特見解。合著作品包括《在巴黎做家常菜，還有美味伴手禮》（小學館）、《與藝術一起生活的室內布置風格》（PIE International）等。

雖是套房格局，但從裡到外分成臥室、客廳與餐廳等空間。站在廚房也能欣賞裝飾在臥室裡的花，這是套房格局才有的優點。

與其選擇價格昂貴的大房子
減少購屋預算才是減輕壓力的關鍵

在前方篇幅中，為各位介紹了七個刻意選擇小屋生活的家庭，一窺其生活樣貌。負責採訪本書的作者加藤郷子也住在小房子，每天感受小房子的魅力，最後以我的生活為例，為本書畫下完美句點。

我住在十四坪左右（四十七平方公尺）的公寓，家庭成員除了我之外，還有我先生。比起前方介紹的家庭，我家不算小。不過，我是一名自由工作者，每天在家工作，扣除工作空間，應該也不能說是寬敞。

九年前我們搬到現在的公寓。搬家前我們住在將近二十坪（六十五平方公尺）、三房一室一廳廚的房子裡，說到刻意選擇小房子的原因，是因為我的工作愈來愈忙，想搬到生活機能好一點的地方。當時住的房子雖然很大，但離車站很遠，電車班次與時間也很不方便，對於需要東奔西跑的文字工作者來說，住起來真的很麻煩。此外，我長年採訪居家布置等與生

利用「IKEA」的廚房用具量身打造的廚房。常喝的茶收在牆邊的收納層板。擺放在外的物品盡可能選擇自然材質、黑色、白色或銀色的設計。

活有關的話題，造訪過不少大幅翻修的家，親身見證採訪對象的生活便利性與開心的感覺，因此也讓我湧現出親手翻修的想法。

既然要動手翻修，那就不能租賃，而是要買下自己的房子。不過，我並非一開始就專找小房子。我也看過室內空間較大的物件，但大房子的價格十分昂貴，就算喜歡也無法輕易下決定。考量方便先生通勤，對我的工作也有幫助的地點，自己不熟悉的地區也要納入考慮範圍。此外，房子畢竟要住一輩子，大房子讓我望之卻步，這也是我後來選擇小房子的原因之一。選擇大房子，房貸期間就會拉長，限制了我的自由。一想到今後都要被這間房子綁著，不能搬到其他地方住，自然就會想要降低預算，開始將小房子視為選項。

最後我們找到的就是現在住的公寓。這個地段對我和先生都很方便，價格也在我們可以負擔的範圍。從窗戶看出去，可以看到許多綠色植物，天空一望無際，感覺十分舒暢。內部裝潢維持最原始的狀況，可以盡情翻修，因此即使覺得空間有點小，但還是決定購買。

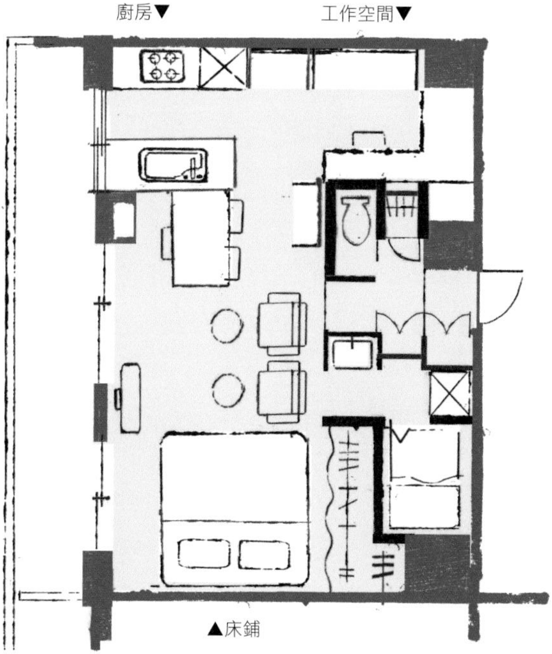

DATA

· 2 口之家（40 世代後半的夫妻）

· 14 坪（47m²） 變形套房（客餐廳＆廚房＆臥室 9 坪＋書房 1.1 坪）

· 屋齡 21 年（居住 9 年）

· 集合住宅（自有住宅）

· 東京都北區

· 徒步至車站 5 分鐘

翻修公司：STUDIO COMBO　www.studio-combo.com

大房子很難整理，維護也很麻煩這一點也是選擇小房子的原因

儘管空間小但還是買下來的原因，就是覺得「大房子很難整理，維護也很麻煩」。結婚後的新家超過三十坪（一百平方公尺），光是用吸塵器吸地就很累人，做家事還要四處走動，於是東西拿出來之後就懶得放回去，或想著之後再來整理。雖然我當時是全職家庭主婦，但要維持整個家的整潔十分辛苦，如果有工作更不可能做到。

後來住的房子還多出一個房間，一有東西寄來就先堆在那裡，不知不覺堆滿了未開封的紙箱。正因為不整理也不會影響生活，所以就一直堆在閒置的房間裡。說起來很難為情，那個房間沒人使用，偶爾進去就發現裡面堆滿灰塵。我原本就不是喜歡活動的人，這個經驗讓我深深體會，我不適合管理大房子。

或許受到老家影響，我從小在鄉下長大，家裡十分寬敞，從來沒有「房子好小」的煩惱。不僅如此，還有別館當作兒童房，以前爺爺奶奶住的家也都保留下來，而且每個房間都

不是空的，堆滿許多生活雜物。不過，我以父母的名譽保證，我的老家絕對不是垃圾屋。但不可諱言的，曾祖母、祖父母和各自獨立的孩子們留下來的東西還是擠滿家裡，十分恐怖。當家裡空間足夠，人就會想拖延整理雜物的時間。現在老家只有爸爸一個人居住，我親眼看到偌大的家逐漸堆滿東西，光是想像這沉重的負擔，就覺得住在大房子裡不一定是件好事。

上：將磁鐵式廚房紙巾架和磁鐵式掛勾貼在冰箱側邊，收納各式廚房用具。下：家中隨處都能看到方便打掃的巧思，將碎布放在瓦斯爐旁，一弄髒立刻擦拭，丟進垃圾桶。用完就丟，十分輕鬆。

小房子的好處就是好整理，打掃起來也輕鬆更不會增加太多雜物

自從搬進現在的家，只要有東西寄來，我一定會當天拆封，拿出裡面的東西後，就把紙箱拆掉攤平。家中空間很小，兩三下就打掃乾淨。套房格局既沒高低落差，也沒隔間，只要打開掃地機器人讓它自己跑，就能徹底清潔家中地板。當家裡東西突然多了一點，就會阻礙生活動線，因此變得勤於整理，不再拖拖拉拉。我發現買東西的時候也會充分考慮家裡放不放得下，形成適度制約，減少衝動購物的行為。由於工作關係，我經常購買書籍與雜誌，也曾想過增加書櫃，但我現在已經出現找不到書的情形，要是增加書櫃，恐怕只會堆積更多雜物。還是隨時提醒自己家裡太小，努力整理才是最好的解決之道。

我時常想起將近二十年前，我的採訪對象說過的話：「發現褲子變緊就改穿腰身為鬆緊帶的裙子，這樣只會讓自己愈來愈胖。同樣的，東西變多了就不斷增加收納空間，最後東西就會愈來愈多。」這位採訪對象就是搬到收納空間有限的房子裡，才解決了家中雜物橫生的

工作區設在廚房旁邊，此處位置比較裡面，從生活區域看不見工作區，因此工作區稍微亂一點也沒關係，減輕不少心理壓力。在這裡可一邊燉菜一邊工作，節省許多時間。

雖然床鋪完全暴露在外，但只要蓋上床單，就能融入空間之中。只將床單攤在床上即可徹底轉變房間氣氛，絕對不可輕忽布料帶來的效果。

問題。當時聽到她的分享，我還暗自地想：「什麼！搬到小房子住不就更難整理了嗎？」但自從住進這個家，我才深刻體會到那段話的意思。不管住大房子還是小房子，收納空間的多寡都是一樣的。家中空間寬敞，便無法控制購物慾望，東西只會日益增加。小房子就像皮帶可以勒緊褲腰，避免我們暴飲暴食，自然就能輕鬆控制體重。

不可否認的，我採訪過許多住在大房子裡，收納空間充足，卻懂得與物品相處，善於維持物品數量的人。我也看過很多人即使家中東西多到滿出來，仍不覺得沉重，開心自在地度過美好日子。我只是需要小房子的制約，如此而已。多虧這個家，讓我體會到勤於整理有多舒暢，不增加雜物的人生有多輕盈！小房子的生活讓我養成了新生活的習慣。

真正需要的東西不多
只要思考「有就很方便」或「沒有才輕鬆」即可

住在小房子裡必然會幫助我們減少物品數量。我家大多採用展示收納，東西看起來很多，與這次採訪的其他家庭相較確實也多了一些，但我盡可能避免家中物品愈來愈多。

我也跟前方頁面介紹的柳本茜一樣親身體會過，很清楚生活中的必需品真的很少。結婚之初我先生便派駐海外，所以我們一開始是住在國外，也因此我們得以在短時間內檢視婚前各自擁有的物品。加上公司安排的宿舍家具一應俱全，其他需要的東西則要自費運送，海外運費相當昂貴，更讓我們審慎挑選要帶走的物品。剩下來的東西不能放在舊家，若寄送到老家存放，又要花一大筆錢。一旦留存東西需要花錢，人就會格外謹慎，仔細研究哪些東西該留或該丟。此時便會發現自己擁有太多東西，真正需要的卻少之又少的事實。搬家後的生活讓我深刻體會，東西少也能過好生活，東西少能讓生活更加輕鬆。

不可諱言的，這個世界上有許多好東西，有些是個人擁有的私物。其實我家有許多不實

從臥室看向廚房的情景。由於收納空間較少，調理用具放在外面也方便使用，因此大多採用展示收納。盡可能統一色調，避免太過雜亂，但這樣一看還是覺得東西好多喔……

用的裝飾品，在真正處理掉無用雜物之前，我無法形容自己過的是什麼樣的生活。不過，當我想購買某樣東西卻猶豫不決，我會思考擁有這樣物品是否真的很方便，是否能讓我的生活更加開心，同時也會用心感受沒有它，生活是否更輕鬆、更沒負擔。

有時覺得用起來方便就買了某樣東西，有時則是因為捨不得丟而一直留著不明白是否還有用處的雜物。若一味囤積雜物，想用的東西就很難拿出來，也很難放回去，進而衍生出管理個人物品的必要性，讓東西產生「有就很方便」、「沒有會很輕鬆」的區別。實際經歷過這一切，便不會讓家中雜物無限暴增。

獨居時購買的餐具櫃使用了二十年以上，原本只有四層，後來到居家修繕中心裁切三片層板加裝上去，方便取用餐具。

套房格局讓小房子也覺得寬敞進而帶動人的行為

在搬進現在的家之前，家中裝潢經過一番大改造，拆除原有隔間，做成套房型態。剛開始規劃時並非想要套房，原本也打算安裝拉門隔間。不過，隨著翻修工程的進行，為了在預算內完工，最後放棄了幾個木作工程，其中之一就是拉門。後來決定先這麼住一段時間，如果真的需要再加裝拉門即可。

不過，實際住進去之後，發現打通的空間十分好用，住起來也很舒服，立刻愛上套房格局。雖說是小房子，但裡面沒有隔間，可以說是一個打通的空間，感覺很寬敞。要是加了隔間牆，空間的運用方式就會變成片段，完整空間可連結彼此動線，是其最大的好處。床鋪與沙發放在一起，感覺就像是在臥室裡放一張沙發。在臥室休息的人很自然地能與在客廳看書的人聊天互動。餐廳與客廳的距離也很近，一個人坐在餐廳，另一個人在客廳休息，兩人還能一起看電視。從廚房走到工作區不過短短三秒，趁著工作空檔到廚房做事十分方便。此

面向床鋪的左側窗簾後方是一個走入式更衣間。窗簾可以整個打開，比門片還開闊，任何東西都能放進去，十分方便。加上更衣間的深度夠深，刻意分成前後兩區，提升收納力。

外，我經常在臥室角落裝飾花卉，雖然花放在臥室，但無論從餐廳或廚房都能看到花，因此無須在家中各個角落放花，也能盡情享受鮮花的芬芳。

輕鬆做到「順手整理」、「順手打掃」也是套房的魅力所在。像是打掃餐廳地上的麵包碎屑時，順便把臥室地板也吸過一遍。從臥室的走入式更衣間拿東西時，就會發現上次用完後放在客廳的物品，順手把它收好。像這樣每個空間都很接近，一覽無遺，自然就能「順手做家事」。由於這個緣故，家裡隨時都能保持乾淨，這是小房子的另一項優點。

選擇住在小房子裡，隨時都能搬家光是這個想法就能讓心態更自由

雖然不是刻意追求小屋生活，但也持續了九年。家中物品雖然變多，卻沒暴增。我相信很難找到比我家更愉快舒適的居住空間。

我很喜歡搬家，隨時都想搬到另一處地方居住。為了維持輕鬆的心情，特地選擇房貸負擔較少的小房子。沒想到這裡的生活太舒適了，讓我沒想過要搬家。不瞞各位，在接受採訪的一個月前，我提出了購屋申請。那間房子的地段是我一直想住的區域，重要的是，景色十分漂亮。儘管最後以細微差距沒能買到房子，但空間大小與我現在住的房子幾乎一樣。對我們夫妻來說，不一定要住小房子，但只要符合優先考量的條件，小房子也是選項之一。

如果一開始就買空間大一點、房貸重一點的房子，我就不敢輕鬆說出「我想搬家」這種話。儘管買房子後還沒搬過家，未來也或許不會搬家，但正是因為房貸負擔不重，擁有物品的心態也變簡單，才能隨時隨地說搬就搬，實現自己夢寐以求的夢想。這一切都要歸功於住在小房子的選擇。選擇住在小房子裡過過小日子，讓我們夫妻的心情更自由，行動更方便。

我很怕麻煩，隨處設置小機關，讓打掃更輕鬆。將刷子掛在餐桌下和洗臉臺上，需要時立刻清理，無須走到其他地方拿清潔工具。地面沒有高低落差，可充分發揮掃地機器人的功能。

請傳授小屋生活祕訣！

Q & A

Q

如何處理
瓶罐與紙箱等回收垃圾？

若分別擺放垃圾桶會很占空間，因此將瓶子、罐子和寶特瓶全都放在一個箱子裡，拿到公寓的垃圾收集場丟的時候再分類。由於我經常訂購東西，只要拿到紙箱就收在玄關衣櫃裡，滿了就拿到垃圾收集場丟。

Q

平時如何收納行李箱和棉被？

P183 的走入式更衣間裡有一個櫃子，依照行李箱的大小堆疊收納在櫃子後面。雖然家裡只有兩組棉被，但夏天不蓋羽毛被，因此收在可以收得很小的收納袋裡，放進更衣室的上方櫥櫃。

Q

什麼樣的人適合住小房子？

不拘小節，對自己寬鬆的人。受限於空間，每天都會努力地整理家裡或清理物品。話說回來，若個性過於鬆散，反而可能被雜物淹沒。此外，我認為喜歡收藏物品的人住在小房子裡會很辛苦。

Q

遇到親友來過夜的情形
該如何處理？

我爸爸經常來東京，每次都住在車站前的旅館。最多一年來兩次。我家離車站很近，附近還有乾淨整潔的商務旅館。若讓親友住家裡，就必須多準備一個房間和棉被等用品，為了避免造成自己的負擔，讓親友住旅館也是很好的選擇。

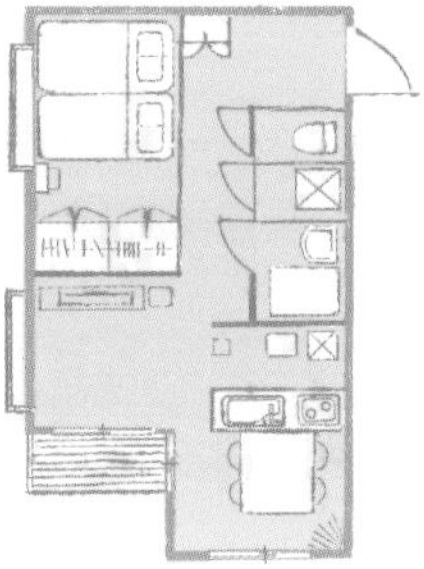

結語——

「請讓我採訪你住的『小房子』」

我和採訪對象幾乎都是第一次見面，
卻劈頭就說人家的房子很小，
每次提出採訪邀約都很擔心對方覺得我很失禮。
沒想到大家不只爽快地答應我，
還認同我說他們的房子「很小」。

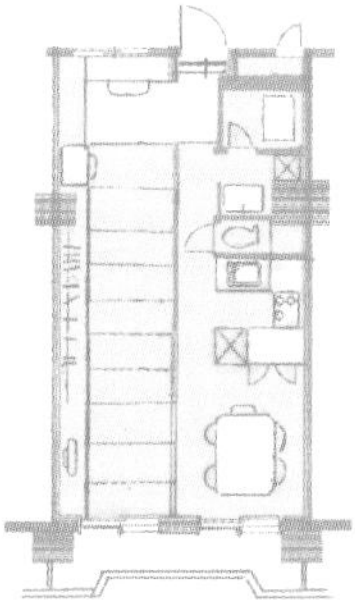

採訪結束後，覺得自己說的確實沒錯。
說人家房子小很失禮的想法，
才是錯誤的。
由於狹小總給人負面觀感，
才會覺得失禮。
事實上，狹小是正向的優點，
我可以大大方方地向大家說小房子真的很棒。

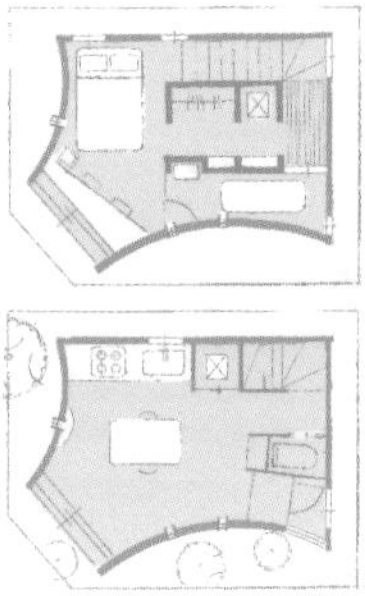

所有在小房子裡度過充實人生的人，
都很清楚自己最重視的就是家庭。
因此，小房子成為納入考量的選項之一，
才能從正面角度看待小房子的優點。

無論房子是否真的很小，或其實沒那麼小，
與其每天抱怨房子小，生活得無精打采，
不如找出小房子的好處，
如此一來，生活將變得更快樂，還能激發自己的創意，
生活也能從心底變得更豐富。

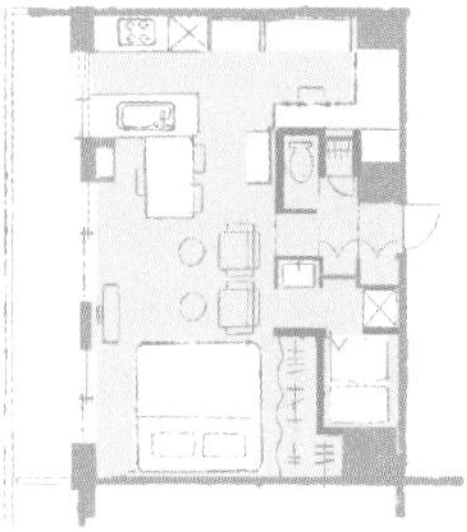

衷心感謝所有接受採訪的對象，
協助出版本書的相關人員，
以及閱讀本書的你，
謝謝你們。

生活樹系列 061

選擇住在小房子
あえて選んだせまい家

作　　者　加藤鄉子
譯　　者　游韻馨
總 編 輯　何玉美
主　　編　紀欣怡
封面設計　蕭旭芳
內文排版　菩薩蠻數位文化有限公司
日本工作團隊　編輯／撰文：加藤鄉子
攝影：林 Hiroshi
插圖：濱　愛子
書籍設計：knoma
校對：東京出版服務中心
企劃／編輯：杉本透子（WANI BOOKS）

出版發行　采實文化事業股份有限公司
行銷企劃　陳佩宜・黃于婷・馮羿勳
業務發行　林詩富・張世明・吳淑華・林坤蓉・林踏欣
會計行政　王雅蕙・李韶婉
法律顧問　第一國際法律事務所　余淑杏律師
電子信箱　acme@acmebook.com.tw
采實官網　http://www.acmebook.com.tw
采實粉絲團　http://www.facebook.com/acmebook

ISBN　978-957-8950-34-4
定　　價　350 元
初版一刷　2018 年 6 月
劃撥帳號　50148859
劃撥戶名　采實文化事業股份有限公司
104 台北市中山區建國北路二段 92 號 9 樓
電話：(02)2518-5198
傳真：(02)2518-2098

國家圖書館出版品預行編目資料

選擇住在小房子 / 加藤鄉子作 ; 游韻馨譯 . -- 初版 . -- 臺北市 : 采實文化 , 2018.06
面 ;　公分 . -- (生活樹系列 ; 61)
譯自 : あえて選んだせまい家
ISBN 978-957-8950-34-4(平裝)

1. 房屋建築

441.5　107005882

あえて選んだせまい家
AETE ERANDA SEMAI IE

采實出版集團
ACME PUBLISHING GROUP